# 2018

# SHANGHAI STATISTICAL YEARBOOK ON SCIENCE AND TECHNOLOGY

# 上海科技统计年鉴

上海市科学技术委员会
上 海 市 统 计 局 编

上海科学普及出版社

2018 SHANGHAI STATISTICAL YEARBOOK ON SCIENCE AND TECHNOLOGY

上海科技统计年鉴

# 编 者 说 明

一、《上海科技统计年鉴 2018》是集上海各类科技活动中投入—活动—产出等各方面统计信息于一体,较全面、系统地反映上海地区科技活动的规模、水平、布局、构成与发展,用于研究和分析科技政策及与科技活动有关问题的工具书。

二、《上海科技统计年鉴 2018》共分为十一个部分。第一部分是有关科技活动的综合资料,主要有科学研究与技术开发机构、普通高等学校、规模以上工业企业、科技信息与文献机构及区县属研究与开发机构等科技活动主体的单位、人员、经费、项目(课题)、产出等指标的综合资料。为了便于读者研究科技活动与社会经济活动的关系,国民经济主要指标等资料也列入这一部分。第二、第三、第四、第五部分则对科技活动的主体按统计系统分别展开,每一主体系统均按单位、人员、经费、项目(课题)、产出等内容编排,既保持各主体系统内投入—活动—产出数据资料的连贯性,又增强了对资料查证的便利性和加工利用的灵活性。第六部分收编了上海市科技计划的有关资料。第七部分收编了科技服务的有关资料。第八、第九部分主要反映了技术市场、专利、成果和获奖情况的资料。第十部分收编了科学普及活动和科普教育基地的资料。附录部分收录了一些主要科技统计指标的解释,便于读者了解科技统计数据资料的统计定义、口径范围和统计方法。书中所使用的货币单位均为人民币,个别使用美元的,则在文中注明。

三、《上海科技统计年鉴 2018》在编辑过程中得到全市各科技管理部门的大力支持与合作,在此表示衷心的感谢!

由于科技统计涉及面广,我们将进一步努力,使上海科技统计资料不断充实,使《上海科技统计年鉴》更能适应社会各个方面的需求。对于编辑过程中的疏漏和不妥之处,谨请读者批评指正。

《上海科技统计年鉴》编辑部

2018 年 11 月

# 目　　录

2018 上海科技统计年鉴

2018

SHANGHAI STATISTICAL YEARBOOK ON SCIENCE AND TECHNOLOGY

上海科技统计年鉴

# 一 综 合

# 1－1 上海科学技术活动概况

（2017 年）

| | 研究与开发机构 | | 规模以上工业企业 | #企业办科技机构 |
|---|---|---|---|---|
| | 自然科学技术 | 社会人文科学 | | |
| 单位（机构）数（个） | 104 | 26 | — | 621 |
| 从业人员（人）* | 44657 | 1193 | 2001027 | 69410 |
| 从事科技活动人员数（人） | 36686 | 1156 | — | — |
| 科技活动收入（千元） | 39781711 | 693213 | — | — |
| #政府资金 | 29782438 | 573726 | — | — |
| 科技活动经费内部支出（千元） | 33477376 | 653647 | — | 37374677 |
| #人员劳务费 | 8909818 | 304381 | — | — |
| 项目（课题）数（项） | 9685 | 821 | 20196 | — |
| 项目（课题）投入人力（人年） | 28264.9 | 1059.0 | 82292.9 | — |
| 项目（课题）经费支出额（千元） | 17227500 | 428446 | 72855145 | — |
| 发表科技论文数（篇） | 9750 | 704 | 3029 | — |
| 出版科技专著数（种） | 104 | 108 | — | — |
| 获奖科技成果数（项） | — | — | — | — |
| 专利申请数（件） | 4434 | 0 | 27581 | — |
| 专利授权数（件） | 2543 | 0 | — | — |

* 2016 年起，规模以上工业企业对外公布从业人员指标改为平均用工人数。

1－1 续表

| | 普通高等学校 | | 科技信息与文献机构 | 区、县属研究与开发机构 |
|---|---|---|---|---|
| | 理工农医 | 人文社科 | | |
| 单位（机构）数（个） | — | — | 9 | 16 |
| 从业人员（人） | — | — | 1170 | 887 |
| 从事科技活动人员数（人） | 56807 | 23072 | 1124 | 760 |
| 科技活动收入（千元） | 15972190 | 1647037 | 772888 | 376564 |
| #政府资金 | 10947491 | 1089690 | 608704 | 375564 |
| 科技活动经费内部支出（千元） | 13398812 | 1468108 | 727950 | 356499 |
| #人员劳务费 | 3117383 | 198175 | 285158 | 198236 |
| 项目（课题）数（项） | 38767 | 23477 | 180 | 96 |
| 项目（课题）投入人力（人年） | 22492.0 | 4547.3 | 302.2 | 406.2 |
| 项目（课题）经费支出额（千元） | 8023810 | 636174 | 43183 | 92886 |
| 发表科技论文数（篇） | 67020 | 17366 | 155 | 137 |
| 出版科技专著数（种） | 271 | 1087 | 17 | 19 |
| 获奖科技成果数（项） | 279 | 55 | — | — |
| 专利申请数（件） | 10240 | — | 5 | 0 |
| 专利授权数（件） | 6179 | — | 3 | 0 |

## 1－2　上海研究与试验发展(R&D)经费投入情况

**(2012～2017年)**

| | 2012 | 2013 | 2014 | 2015 | 2016 | 2017 |
|---|---|---|---|---|---|---|
| R&D投入(亿元) | 679.46 | 776.78 | 861.95 | 936.14 | 1049.32 | 1205.21 |
| 上海市GDP(亿元) | 20533.52 | 22257.66 | 24060.87 | 25643.47 | 28178.65 | 30666.92 |
| R&D投入/上海市GDP(%) | 3.31 | 3.49 | 3.58 | 3.65 | 3.72 | 3.93 |

## 1－3　上海R&D经费及其构成情况

**(2012～2017年)**

| | 2012 | 2013 | 2014 | 2015 | 2016 | 2017 |
|---|---|---|---|---|---|---|
| 合计(亿元) | 679.46 | 776.78 | 861.95 | 936.14 | 1049.32 | 1205.21 |
| 按资金来源分 | | | | | | |
| 政府资金 | 225.76 | 245.55 | 292.36 | 340.80 | 374.76 | 429.45 |
| 企业资金 | 413.60 | 481.13 | 513.15 | 540.89 | 630.82 | 719.80 |
| 国外资金 | 7.19 | 19.47 | 16.03 | 15.12 | 16.19 | 17.17 |
| 其他资金 | 32.91 | 30.63 | 40.41 | 39.33 | 27.55 | 38.79 |
| 按活动类型分 | | | | | | |
| 基础研究 | 49.16 | 54.87 | 61.20 | 76.95 | 77.63 | 92.51 |
| 应用研究 | 91.58 | 102.67 | 104.43 | 127.84 | 131.13 | 152.32 |
| 试验发展 | 538.72 | 619.24 | 696.32 | 731.35 | 840.56 | 960.38 |
| 按执行部门分 | | | | | | |
| 科研机构 | 180.98 | 192.54 | 232.22 | 264.70 | 279.40 | 320.49 |
| 企业 | 426.33 | 502.45 | 546.47 | 569.31 | 650.21 | 747.54 |
| #规模以上工业企业 | 371.51 | 404.78 | 449.22 | 474.24 | 490.08 | 540.00 |
| 高等院校 | 61.70 | 71.50 | 71.60 | 86.65 | 93.61 | 109.20 |
| 其他 | 10.45 | 10.29 | 11.66 | 15.48 | 26.10 | 27.98 |

## 1－4　上海科技活动人员按执行部门分类情况

**（2012～2017 年）**

| | 2012 | 2013 | 2014 | 2015 | 2016 | 2017 |
|---|---|---|---|---|---|---|
| 科技活动人员合计（人）* | 389060 | 431593 | 450968 | 448099 | 498801 | — |
| #科研机构 | 37273 | 39132 | 40251 | 40731 | 42847 | — |
| 规模以上工业企业 | 197945 | 206825 | 222922 | 212559 | 210759 | — |
| 高等院校 | 63410 | 64086 | 65406 | 71658 | 74149 | 79879 |

* 科技活动人员按统计局综合年报口径汇总。

## 1－5　上海 R&D 人员折合全时人员及其构成情况

**（2012～2017 年）**

| | 2012 | 2013 | 2014 | 2015 | 2016 | 2017 |
|---|---|---|---|---|---|---|
| R&D 人员折合全时人员合计（人年）* | 153361 | 165755 | 168173 | 171798 | 183932 | 183462 |
| 按执行部门分 | | | | | | |
| #科研机构 | 27199 | 28743 | 29343 | 29432 | 28775 | 29331 |
| 规模以上工业企业 | 82355 | 92136 | 93868 | 94981 | 98671 | 88967 |
| 高等院校 | 21170 | 21530 | 22198 | 23283 | 23892 | 24625 |
| 按活动类型分 | | | | | | |
| 基础研究 | 16054 | 15407 | 18232 | 19555 | 20680 | 20376 |
| 应用研究 | 24373 | 25517 | 23378 | 25237 | 23560 | 25415 |
| 试验发展 | 112934 | 124831 | 126563 | 127006 | 139692 | 137671 |

* R&D 人员折合全时人员按统计局综合年报口径汇总。

## 1－6　上海地方财政科技拨款情况

**（2012～2017 年）**

| | 2012 | 2013 | 2014 | 2015 | 2016 | 2017 |
|---|---|---|---|---|---|---|
| 地方财政科技拨款合计（亿元） | 245.43 | 257.66 | 262.29 | 271.85 | 341.71 | 389.89 |
| 地方财政支出额（亿元） | 4184.02 | 4528.61 | 4923.44 | 6191.56 | 6918.94 | 7547.62 |
| 科技拨款／财政支出（%） | 5.87 | 5.69 | 5.33 | 4.39 | 4.94 | 5.17 |

# 1－7　上海地方财政科技拨款区、县情况

（2017 年）

| | 地方财政科技拨款(万元) | 地方财政支出(万元) | 科技拨款/财政支出(%) |
|---|---|---|---|
| 上海市地方 | 3898943 | 75476178 | 5.17 |
| 上海市市级 | 2157928 | 22118080 | 9.76 |
| 上海市区、县级 | 1741015 | 53358098 | 3.26 |
| 黄浦区 | 82082 | 2634534 | 3.12 |
| 徐汇区 | 105997 | 2645212 | 4.01 |
| 长宁区 | 80938 | 1839158 | 4.40 |
| 静安区 | 77908 | 3121686 | 2.50 |
| 普陀区 | 36869 | 1744619 | 2.11 |
| 虹口区 | 90025 | 1734455 | 5.19 |
| 杨浦区 | 148610 | 2061844 | 7.21 |
| 闵行区 | 74597 | 4160576 | 1.79 |
| 宝山区 | 83800 | 2718316 | 3.08 |
| 嘉定区 | 217780 | 3707351 | 5.87 |
| 浦东新区 | 503594 | 12576886 | 4.00 |
| 金山区 | 52969 | 2343895 | 2.26 |
| 松江区 | 43754 | 2888431 | 1.51 |
| 青浦区 | 50372 | 3839449 | 1.31 |
| 奉贤区 | 51648 | 3127152 | 1.65 |
| 崇明区 | 40072 | 2214534 | 1.81 |

# 1－8 上海地方财政科技拨款构成情况

**（2017 年）**

| | 地方财政科技拨款（万元） | 科学技术管理事务 | 基础研究 | 应用研究 | 技术研究与开发 | 科技条件与服务 |
|---|---|---|---|---|---|---|
| 上海市地方 | 3898943 | 35774 | 65634 | 104643 | 1658510 | 140330 |
| 上海市市级 | 2157928 | 8578 | 65634 | 104643 | 1507644 | 70081 |
| 上海市区、县级 | 1741015 | 27196 | 0 | 0 | 150866 | 70249 |
| 黄浦区 | 82082 | 3997 | 0 | 0 | 0 | 0 |
| 徐汇区 | 105997 | 1876 | 0 | 0 | 19197 | 0 |
| 长宁区 | 80938 | 509 | 0 | 0 | 0 | 0 |
| 静安区 | 77908 | 2864 | 0 | 0 | 0 | 0 |
| 普陀区 | 36869 | 1193 | 0 | 0 | 5439 | 18589 |
| 虹口区 | 90025 | 4683 | 0 | 0 | 0 | 0 |
| 杨浦区 | 148610 | 860 | 0 | 0 | 20000 | 0 |
| 闵行区 | 74597 | 1124 | 0 | 0 | 11087 | 38245 |
| 宝山区 | 83800 | 571 | 0 | 0 | 73218 | 188 |
| 嘉定区 | 217780 | 1221 | 0 | 0 | 5710 | 5916 |
| 浦东新区 | 503594 | 4818 | 0 | 0 | 0 | 0 |
| 金山区 | 52969 | 533 | 0 | 0 | 3803 | 2832 |
| 松江区 | 43754 | 1034 | 0 | 0 | 9492 | 4477 |
| 青浦区 | 50372 | 976 | 0 | 0 | 919 | 0 |
| 奉贤区 | 51648 | 496 | 0 | 0 | 1046 | 0 |
| 崇明区 | 40072 | 441 | 0 | 0 | 955 | 2 |

1－8　续表

| | 社会科学 | 科学技术普及 | 科技交流与合作 | 科技重大专项 | 其他科学技术支出 |
|---|---|---|---|---|---|
| 上海市地方 | 41219 | 78595 | 925 | 275308 | 1498005 |
| 上海市市级 | 41219 | 49574 | 925 | 275308 | 34322 |
| 上海市区、县级 | 0 | 29021 | 0 | 0 | 1463683 |
| 黄浦区 | 0 | 1519 | 0 | 0 | 76566 |
| 徐汇区 | 0 | 818 | 0 | 0 | 84106 |
| 长宁区 | 0 | 4789 | 0 | 0 | 75640 |
| 静安区 | 0 | 1400 | 0 | 0 | 73644 |
| 普陀区 | 0 | 1013 | 0 | 0 | 10635 |
| 虹口区 | 0 | 610 | 0 | 0 | 84732 |
| 杨浦区 | 0 | 1407 | 0 | 0 | 126343 |
| 闵行区 | 0 | 2969 | 0 | 0 | 21172 |
| 宝山区 | 0 | 2957 | 0 | 0 | 6866 |
| 嘉定区 | 0 | 1000 | 0 | 0 | 203933 |
| 浦东新区 | 0 | 3477 | 0 | 0 | 495299 |
| 金山区 | 0 | 795 | 0 | 0 | 45006 |
| 松江区 | 0 | 1134 | 0 | 0 | 27617 |
| 青浦区 | 0 | 1338 | 0 | 0 | 47139 |
| 奉贤区 | 0 | 747 | 0 | 0 | 49359 |
| 崇明区 | 0 | 3048 | 0 | 0 | 35626 |

# 1－9　国有企事业单位专业技术人员基本情况

**（2017年）**

| | 合计（万人） | 按学历分 | | | |
|---|---|---|---|---|---|
| | | #女性 | 大学本、专科及以上 | 中等专业 | 高中及以下 |
| 总计 | 104.38 | 52.55 | 97.81 | 3.74 | 2.83 |
| 按职称分 | | | | | |
| 高级岗位 | 11.60 | 4.55 | 11.52 | 0.04 | 0.04 |
| 中级岗位 | 31.60 | 16.93 | 30.79 | 0.56 | 0.26 |
| 初级岗位 | 30.50 | 16.46 | 27.93 | 1.89 | 0.68 |
| 未聘人员 | 30.68 | 14.61 | 27.58 | 1.25 | 1.86 |

1－9　续表

| | 合计（万人） | 按学历分 | | | |
|---|---|---|---|---|---|
| | | #女性 | 大学本、专科及以上 | 中等专业 | 高中及以下 |
| 总计 | 104.38 | 52.55 | 97.81 | 3.74 | 2.83 |
| 按专业分 | | | | | |
| 工程技术人员 | 29.98 | 6.97 | 28.08 | 1.01 | 0.89 |
| 农业技术人员 | 0.38 | 0.14 | 0.31 | 0.04 | 0.03 |
| 卫生技术人员 | 11.68 | 8.78 | 10.84 | 0.79 | 0.05 |
| 科学研究人员 | 2.78 | 1.03 | 2.74 | 0.03 | 0.01 |
| 教学人员 | 19.20 | 14.05 | 18.95 | 0.17 | 0.08 |
| 经济人员 | 27.40 | 13.66 | 24.89 | 1.14 | 1.38 |
| 财会人员 | 8.03 | 5.32 | 7.45 | 0.36 | 0.23 |
| 统计人员 | 1.01 | 0.57 | 0.95 | 0.03 | 0.03 |
| 新闻出版、播音人员 | 0.88 | 0.51 | 0.85 | 0.01 | 0.01 |
| 翻译人员 | 0.09 | 0.06 | 0.09 | 0.00 | 0.00 |
| 艺术人员 | 0.61 | 0.27 | 0.49 | 0.07 | 0.05 |
| 其他专业人员 | 2.34 | 1.19 | 2.17 | 0.09 | 0.07 |

# 1－10　普通高等教育基本情况

**（2017 年）**

| | 本科学生数（人） | | | 研究生数（人） | | |
|---|---|---|---|---|---|---|
| | 毕业生 | 招生 | 在校生 | 毕业生 | 招生 | 在校生 |
| 总计 | 86945 | 97339 | 376152 | 40982 | 59519 | 161046 |
| 学术型学位 | — | — | — | 24440 | 31215 | 95674 |
| 专业学位 | — | — | — | 16542 | 28304 | 65372 |
| 哲学 | 166 | 293 | 762 | 280 | 390 | 1228 |
| 经济学 | 8751 | 9643 | 36448 | 3055 | 4007 | 9986 |
| 法学 | 5610 | 5480 | 22060 | 3679 | 5127 | 13130 |
| 教育学 | 2190 | 2253 | 8990 | 1627 | 3520 | 7636 |
| 文学 | 9206 | 10070 | 37124 | 2787 | 3363 | 9567 |
| 历史学 | 218 | 189 | 888 | 408 | 514 | 1609 |
| 理学 | 4897 | 5993 | 22088 | 3646 | 4976 | 15254 |
| 工学 | 28670 | 33417 | 128609 | 13493 | 19315 | 54008 |
| 农学 | 434 | 482 | 1956 | 409 | 541 | 1538 |
| 医学 | 2348 | 4035 | 14618 | 3823 | 4873 | 14536 |
| 军事学 | 0 | 0 | 0 | 0 | 0 | 0 |
| 管理学 | 17997 | 18042 | 73506 | 6671 | 11053 | 27715 |
| 艺术学 | 6458 | 7442 | 29103 | 1104 | 1840 | 4839 |

注：表中研究生包含 2017 年招收的非全日制学生。

1－10　续表 1

| | 专科学生数（人） | | |
|---|---|---|---|
| | 毕业生 | 招生 | 在校生 |
| 总计 | 47262 | 45454 | 138765 |
| 农林牧渔大类 | 765 | 856 | 2464 |
| 资源环境与安全大类 | 459 | 298 | 1127 |
| 能源动力与材料大类 | 0 | 0 | 0 |
| 土木建筑大类 | 2463 | 2605 | 7145 |
| 水利大类 | 0 | 0 | 0 |
| 装备制造大类 | 4053 | 3873 | 12230 |
| 生物与化工大类 | 252 | 207 | 590 |
| 轻工纺织大类 | 536 | 583 | 1863 |
| 食品药品与粮食大类 | 637 | 436 | 1145 |
| 交通运输大类 | 3654 | 4446 | 12651 |
| 电子信息大类 | 2839 | 4542 | 12201 |
| 医药卫生大类 | 7616 | 5448 | 16991 |
| 财经商贸大类 | 10258 | 7802 | 28033 |
| 旅游大类 | 2209 | 2468 | 7442 |
| 文化艺术大类 | 5355 | 4757 | 15044 |
| 新闻传播大类 | 1290 | 1433 | 4567 |
| 教育与体育大类 | 3169 | 4102 | 11410 |
| 公安与司法大类 | 926 | 1120 | 2311 |
| 公共管理与服务大类 | 781 | 478 | 1551 |

1－10　续表 2

| | 专任教师（人） | 正高级 | 副高级 | 中级 | 初级 | 未定职称 |
|---|---|---|---|---|---|---|
| 总计 | 43484 | 8191 | 14082 | 16906 | 2745 | 1560 |
| 哲学 | 894 | 182 | 273 | 369 | 34 | 36 |
| 经济学 | 2422 | 421 | 873 | 905 | 99 | 124 |
| 法学 | 3293 | 508 | 921 | 1467 | 260 | 137 |
| 教育学 | 3672 | 309 | 985 | 1743 | 476 | 159 |
| 文学 | 6746 | 780 | 1885 | 3330 | 456 | 295 |
| 历史学 | 512 | 168 | 144 | 173 | 11 | 16 |
| 理学 | 4798 | 1472 | 1757 | 1355 | 94 | 120 |
| 工学 | 11953 | 2854 | 4417 | 3934 | 468 | 280 |
| 农学 | 303 | 82 | 103 | 89 | 9 | 20 |
| 医学 | 2375 | 517 | 703 | 884 | 209 | 62 |
| 管理学 | 3795 | 604 | 1299 | 1479 | 238 | 175 |
| 艺术学 | 2721 | 294 | 722 | 1178 | 391 | 136 |

1－10　续表 3

| | 学校数（所） | 本、专科学生数（人） | | | 教职工数（人） | |
|---|---|---|---|---|---|---|
| | | 毕业生 | 招生 | 在校生 | | #专任教师 |
| 总计 | 64 | 134207 | 142793 | 514917 | 73891 | 43484 |
| 按隶属关系分 | | | | | | |
| 部属 | 10 | 27017 | 29483 | 114311 | 32284 | 16160 |
| 市属 | 54 | 107190 | 113310 | 400606 | 41607 | 27324 |
| 按院校分 | | | | | | |
| 综合大学 | 4 | 15826 | 16531 | 67328 | 25013 | 11446 |
| 理工院校 | 24 | 49910 | 55738 | 197212 | 20623 | 13779 |
| 农业院校 | 2 | 4216 | 4151 | 15256 | 1522 | 1072 |
| 林业院校 | 0 | 0 | 0 | 0 | 0 | 0 |
| 医药院校 | 2 | 6013 | 4884 | 14192 | 2022 | 1209 |
| 师范院校 | 2 | 8376 | 8647 | 34826 | 6923 | 4113 |
| 语文院校 | 3 | 5665 | 4298 | 16138 | 1927 | 1229 |
| 财经院校 | 17 | 33375 | 37004 | 129055 | 10334 | 7053 |
| 政法院校 | 3 | 6188 | 6499 | 23007 | 2425 | 1666 |
| 体育院校 | 2 | 1034 | 1138 | 4411 | 1192 | 659 |
| 艺术院校 | 5 | 3604 | 3903 | 13492 | 1910 | 1258 |
| 民族院校 | 0 | 0 | 0 | 0 | 0 | 0 |

# 1－11 中等专业学校基本情况

（2017 年）

| | 毕业生(人) | 招生(人) | 在校生(人) |
|---|---|---|---|
| 总计 | 21365 | 19046 | 63065 |
| 农林牧渔类 | 243 | 377 | 1131 |
| 资源环境类 | 263 | 186 | 644 |
| 能源与新能源类 | 285 | 285 | 1089 |
| 土木水利类 | 1637 | 1464 | 4778 |
| 加工制造类 | 3375 | 2847 | 10587 |
| 石油化工类 | 643 | 340 | 1501 |
| 轻纺食品类 | 249 | 383 | 1024 |
| 交通运输类 | 2338 | 2087 | 6870 |
| 信息技术类 | 2376 | 2440 | 7035 |
| 医药卫生类 | 2772 | 1923 | 6685 |
| 休闲保健类 | 48 | 60 | 164 |
| 财经商贸类 | 4596 | 3666 | 12767 |
| 旅游服务类 | 563 | 786 | 2043 |
| 文化艺术类 | 1368 | 1380 | 4514 |
| 体育与健身 | 194 | 161 | 549 |
| 教育类 | 115 | 125 | 317 |
| 司法服务类 | 0 | 0 | 0 |
| 公共管理与服务类 | 216 | 267 | 718 |
| 其他 | 84 | 269 | 649 |

## 1－12 成人教育基本情况

**(2017年)**

| | 学校数(所) | 毕业生(人) | 招生(人) | 在校生(人) | 教职员工(人) | #专任教师 |
|---|---|---|---|---|---|---|
| 独立设置成人高校 | 14 | 1784 | 1584 | 5856 | 1442 | 736 |
| 电视大学 | 1 | — | — | — | 327 | 119 |
| 职工高等学校 | 10 | 1487 | 1409 | 5080 | 810 | 498 |
| 管理干部学院 | 3 | 297 | 175 | 776 | 305 | 119 |
| 普通高校举办* | (48) | 45395 | 43869 | 128678 | 0 | 0 |
| 成人网络本、专科 | 0 | 41863 | 55068 | 123742 | 0 | 0 |
| 成人中专教育 | 12 | 5876 | 5356 | 14774 | 255 | 115 |
| 成人中学** | 6 | 530 | 0 | 2508 | 101 | 65 |
| 职业技术培训机构** | 689 | 1743765 | 0 | 1818331 | 16097 | 8281 |

* 普通高校举办的函授、业余、脱产班学校数是指举办这类教育的学校点数,括号内是学校点数之和。

** 成人中学、职业技术培训机构的在校生数是指累计注册数;毕业生数是指累计结业数。

## 1－13 全市研究生情况

**(2012~2017年)**

| | 2012 | 2013 | 2014 | 2015 | 2016 | 2017 |
|---|---|---|---|---|---|---|
| 高等学校(所) | 26 | 27 | 27 | 27 | 27 | 28 |
| 招生数(人) | 41899 | 43659 | 43353 | 45400 | 48488 | 58906 |
| 在读人数(人) | 120503 | 127803 | 131806 | 136539 | 143248 | 159262 |
| #女性 | 56714 | 60275 | 62238 | 65868 | 71464 | 80339 |
| 毕业人数(人) | 33189 | 34148 | 36013 | 37289 | 39212 | 40425 |
| 研究所(院)(个) | 32 | 32 | 21 | 21 | 21 | 21 |
| 招生数(人) | 2330 | 2564 | 577 | 605 | 591 | 613 |
| 在读人数(人) | 6511 | 6996 | 1748 | 1748 | 1739 | 1785 |
| #女性 | 2364 | 2595 | 742 | 753 | 768 | 816 |
| 毕业人数(人) | 1417 | 1521 | 559 | 579 | 521 | 557 |

注:2014学年起,中科院、煤炭院所属科研机构不纳入本市研究生培养机构统计。
2017年起,研究生招生数和在读人数中包括全日制和非全日制。

## 1－14　普通高等学校情况

**(2012～2017 年)**

| | 2012 | 2013 | 2014 | 2015 | 2016 | 2017 |
|---|---|---|---|---|---|---|
| 学校数(所) | 67 | 68 | 68 | 67 | 64 | 64 |
| 毕业生(人) | 136697 | 133794 | 132411 | 128711 | 132596 | 134207 |
| 招生(人) | 139841 | 140879 | 141931 | 140709 | 142730 | 142793 |
| 在校生(人) | 506596 | 504771 | 506644 | 511623 | 514683 | 514917 |
| 教职员工(人) | 73348 | 73361 | 73373 | 73578 | 73357 | 73891 |
| #专任教师 | 40118 | 40297 | 40558 | 41570 | 42308 | 43484 |

## 1－15　中等技术专业学校情况

**(2012～2017 年)**

| | 2012 | 2013 | 2014 | 2015 | 2016 | 2017 |
|---|---|---|---|---|---|---|
| 学校数(所)* | 61 | 55 | 54 | 51 | 50 | 50 |
| 毕业生(人) | 27670 | 27598 | 35466 | 24944 | 23875 | 21365 |
| 招生(人) | 27637 | 25098 | 22538 | 22176 | 20214 | 19046 |
| 在校生(人) | 98815 | 92324 | 77382 | 72405 | 66819 | 63065 |
| 教职员工(人) | 8484 | 8237 | 8041 | 7824 | 7578 | 7430 |
| #专任教师 | 4797 | 4762 | 4815 | 4796 | 4753 | 4702 |

* 未包括技工学校和职业中学。

## 1－16　上海市部分科技指标

**(2012～2017 年)**

| | 2012 | 2013 | 2014 | 2015 | 2016 | 2017 |
|---|---|---|---|---|---|---|
| R&D 投入/上海市 GDP(%) | 3.31 | 3.49 | 3.58 | 3.65 | 3.72 | 3.93 |
| 高技术产业产值/工业总产值(%) | 21.7 | 20.7 | 20.4 | 21.7 | 21.2 | 21.2 |
| 高技术产品出口额/商品出口总额(%) | 43.84 | 43.43 | 42.35 | 43.74 | 43.09 | 43.50 |

# 1－17　上海市主要社会经济指标

**（2012～2017年）**

| | 2012 | 2013 | 2014 | 2015 | 2016 | 2017 |
|---|---|---|---|---|---|---|
| 年末户籍人口（万人） | 1426.93 | 1432.34 | 1438.69 | 1442.97 | 1450.00 | 1455.13 |
| 年末常住人口（万人） | 2380.43 | 2415.15 | 2425.68 | 2415.27 | 2419.70 | 2418.33 |
| 从业人数（万人） | 1115.50 | 1137.35 | 1365.63 | 1361.51 | 1365.24 | 1372.65 |
| 上海市生产总值（亿元） | 20553.52 | 22257.66 | 24060.87 | 25643.47 | 28178.65 | 30632.99 |
| 第一产业 | 127.80 | 124.89 | 124.26 | 109.82 | 109.47 | 110.78 |
| 第二产业 | 8063.93 | 8147.16 | 8434.97 | 8259.03 | 8406.28 | 9330.67 |
| 第三产业 | 12361.79 | 13985.61 | 15501.64 | 17274.62 | 19662.90 | 21191.54 |
| 人均生产总值（万元） | 8.69 | 9.28 | 9.94 | 10.59 | 11.66 | 12.67 |
| 农业总产值（亿元） | 321.73 | 323.48 | 322.22 | 287.84 | 285.09 | 260.02 |
| 工业总产值（亿元） | 33186.41 | 33899.38 | 34071.19 | 33211.57 | 33079.72 | 36094.36 |
| 全社会固定资产投资总额（亿元） | 5254.38 | 5647.79 | 6016.43 | 6352.70 | 6755.88 | 7246.60 |
| 地方财政收入（亿元） | 3743.71 | 4109.51 | 4585.55 | 5519.50 | 6406.13 | 6642.26 |
| 地方财政支出（亿元） | 4184.02 | 4528.61 | 4923.44 | 6191.56 | 6918.94 | 7547.62 |
| 城市居民人均可支配收入（元） | 40188 | 43851 | 47710 | 52962 | 57692 | 62596 |
| 农村居民人均可支配收入（元） | 17401 | 19208 | 21192 | 23205 | 25520 | 27825 |
| 职工工资总额（亿元） | 5347.99 | 6183.93 | 7643.73 | 8318.57 | 9140.45 | 10046.46 |
| 社会消费品零售总额（亿元） | 7412.30 | 8019.05 | 9303.49 | 10131.5 | 10946.57 | 11830.27 |
| 商品出口总额（亿美元） | 2068.07 | 2042.44 | 2102.78 | 1969.69 | 1834.67 | 1936.81 |

## 1－18 上海市高技术产业情况*

(2017 年)

| | 工业总产值 | 主营业务收入 | 利润总额 | 税金总额 | R&D经费支出 |
|---|---|---|---|---|---|
| 高技术产业产值(亿元) | 7232.63 | 7611.31 | 401.09 | 84.30 | 141.60 |
| #信息化学品制造业 | 10.91 | 11.01 | 1.42 | 0.10 | 0.47 |
| 医药制造业 | 769.88 | 734.20 | 118.10 | 48.93 | 24.65 |
| 航空航天器制造业 | 230.02 | 216.27 | 4.98 | 5.30 | 14.16 |
| 电子及通信设备制造业 | 3706.48 | 3780.22 | 172.37 | 14.66 | 84.32 |
| 电子计算机及办公设备制造业 | 1974.53 | 2309.80 | 30.65 | 0.88 | 5.38 |
| 医疗设备及仪器仪表制造业 | 540.80 | 559.81 | 73.58 | 14.44 | 12.62 |

* 上海市高技术产业统计范围为规模以上工业企业。

## 1－19 上海市高技术产品出口情况

(2012~2017 年)

| | 2012 | 2013 | 2014 | 2015 | 2016 | 2017 |
|---|---|---|---|---|---|---|
| 高技术产品出口额(亿美元) | 906.64 | 887.13 | 890.63 | 861.55 | 790.60 | 841.70 |
| 出口商品额(亿美元) | 2068.07 | 2042.44 | 2102.78 | 1969.69 | 1834.67 | 1936.81 |
| 高技术产品出口额/出口商品额(%) | 43.84 | 43.43 | 42.35 | 43.74 | 43.09 | 43.50 |
| 按产品分 | | | | | | |
| #计算机及通信技术 | 659.36 | 616.13 | 594.68 | 545.45 | 476.33 | 543.09 |
| 电子技术 | 162.17 | 176.68 | 195.27 | 222.16 | 226.34 | 209.79 |
| 生命科学 | 31.06 | 33.09 | 34.82 | 36.74 | 34.60 | 32.13 |
| 按贸易方式分 | | | | | | |
| #进料加工贸易 | 678.50 | 625.97 | 601.17 | 554.67 | 470.22 | 509.36 |
| 一般贸易 | 87.65 | 97.63 | 117.89 | 121.17 | 123.64 | 125.94 |
| 按出口贸易的企业类型分 | | | | | | |
| #国有和集体企业 | 24.41 | 27.29 | 23.86 | 26.30 | 24.44 | 24.60 |
| 中外合资企业 | 48.92 | 49.80 | 58.31 | 65.08 | 71.90 | 80.90 |
| 外商独资企业 | 789.98 | 758.07 | 758.04 | 718.93 | 647.82 | 686.03 |
| 按四大贸易市场分 | | | | | | |
| #美国 | 296.37 | 301.59 | 277.45 | 243.20 | 249.81 | 253.63 |
| 欧洲 | 210.71 | 175.55 | 183.35 | 176.51 | 121.70 | 163.99 |
| 中国香港 | 92.16 | 110.81 | 113.10 | 125.13 | 130.08 | 113.93 |
| 日本 | 74.11 | 74.75 | 67.55 | 69.34 | 59.21 | 59.04 |

# 1－20　中国科学院、中国工程院沪区院士情况

**（2017 年）**

|  | 合计（人） | 院　　士 |
|---|---|---|
| 合计 | 182 |  |
| 中国科学院沪区院士小计 | 107 |  |
| 数学物理学部 | 19 | 陈恕行、龚新高、郝柏林、洪家兴、胡和生、景益鹏、李大潜、李儒新、马余刚、沈文庆、沈学础、孙　鑫、汤定元、陶瑞宝、王世绩、王　迅、徐至展、杨福家、叶叔华 |
| 化学部 | 19 | 陈凯先、陈庆云、戴立信、丁奎岭、郭景坤、何鸣元、胡　英、江　明、林国强、陆熙炎、麻生明、唐　勇、田　禾、谢毓元、颜德岳、杨玉良、袁承业、岳建民、赵东元 |
| 生命科学和医学学部 | 36 | 陈国强、陈晓亚、陈义汉、陈宜张、邓子新、樊　嘉、葛均波、郭爱克、韩　斌、贺　林、洪国藩、黄荷凤、蒋华良、金　力、金国章、李朝义、李　林、林其谁、林鸿宣、刘新垣、裴　钢、戚正武、沈善炯、沈允钢、沈自尹、施教耐、王恩多、王正敏、吴孟超、徐国良、杨雄里、尹文英、张　旭、张永莲、张友尚、赵国屏 |
| 地学部 | 4 | 穆　穆、汪品先、张　经、张人禾 |
| 信息技术科学部 | 15 | 陈桂林、褚君浩、干福熹、何积丰、黄宏嘉、金亚秋、匡定波、雷啸霖、林尊琪、毛军发、王建宇、王育竹、王之江、许宁生、薛永祺 |
| 技术科学部 | 14 | 常　青、姜中宏、刘昌胜、孙　钧、汪　耕、王　曦、杨　槱、姚　熹、张统一、郑　平、郑时龄、周国治、周尧和、邹世昌 |

1－20　续表

| | 合计（人） | 院　士 |
| --- | --- | --- |
| 中国工程院沪区院士小计 | 75 | |
| 机械与运载工程学部 | 18 | 郭重庆、何友声、黄崇祺、金东寒、梁晋才、林忠钦、孟执中、潘健生、潘镜芙、饶芳权、阮雪榆、孙敬良、吴光辉、吴有生、徐志磊、周勤之、钟志华、朱能鸿 |
| 信息与电子工程学部 | 5 | 范滇元、方家熊、龚惠兴、李同保、庄松林 |
| 化工、冶金与材料工程学部 | 8 | 陈芬儿、丁传贤、丁文江、关兴亚、江东亮、钱　锋、钱旭红、袁渭康 |
| 能源与矿业工程学部 | 3 | 孙承纬、翁史烈、周邦新 |
| 土木、水利与建筑工程学部 | 8 | 戴复东、江欢成、林元培、卢耀如、魏敦山、吴志强、项海帆、叶可明 |
| 环境与轻纺工程学部 | 4 | 孙晋良、俞建勇、郁铭芳、周　翔 |
| 农业学部 | 0 | 无 |
| 医药卫生学部 | 28 | 陈灏珠、陈赛娟、陈亚珠、池志强、戴尅戎、丁　健、顾健人、顾玉东、侯惠民、胡之璧、李载平、李兆申、廖万清、宁　光、邱蔚六、孙颖浩、汤钊猷、唐希灿、王红阳、王威琪、王振义、闻玉梅、夏照帆、项坤三、杨胜利、曾溢滔、张志愿、周良辅 |
| 工程管理学部 | 1 | 柴洪峰 |

2018

SHANGHAI STATISTICAL YEARBOOK ON SCIENCE AND TECHNOLOGY

上海科技统计年鉴



# 二 科学研究与技术开发机构

# 2－1　自然科学研究与技术开发机构情况

**（2017 年）**

| | 机构数（个） | 从业人员（人） | 经常费收入总额（千元） | 经常费内部支出总额（千元） |
|---|---|---|---|---|
| 总计 | 104 | 44657 | 55869017 | 49210859 |
| 按隶属关系分 | | | | |
| 地方县以上属 | 47 | 6890 | 4384116 | 3910370 |
| 中央部门属 | 57 | 37767 | 51484901 | 45300489 |
| #中国科学院 | 10 | 8490 | 8804770 | 7429400 |
| 按学科领域分 | | | | |
| 自然科学 | 16 | 5954 | 6573590 | 5617461 |
| 农业科学 | 14 | 1632 | 1194736 | 1092023 |
| 医学科学 | 16 | 3982 | 2014063 | 1751018 |
| 工程科学与技术 | 57 | 33002 | 46035747 | 40700626 |
| 社会人文科学 | 1 | 87 | 50881 | 49731 |
| 按所在地分 | | | | |
| 黄浦区 | 9 | 1632 | 1531247 | 1407124 |
| 徐汇区 | 29 | 10135 | 11399169 | 10330669 |
| 长宁区 | 4 | 3961 | 5631142 | 5243790 |
| 静安区 | 4 | 313 | 321533 | 262955 |
| 普陀区 | 5 | 2682 | 4493225 | 4109988 |
| 虹口区 | 1 | 818 | 1254069 | 996750 |
| 杨浦区 | 8 | 2732 | 3583498 | 3103043 |
| 闵行区 | 25 | 11191 | 19120282 | 16198273 |
| 宝山区 | 0 | 0 | 0 | 0 |
| 嘉定区 | 6 | 4042 | 3593648 | 3134813 |
| 浦东新区 | 10 | 5941 | 3767832 | 3534683 |
| 金山区 | 0 | 0 | 0 | 0 |
| 松江区 | 2 | 1160 | 1146426 | 861825 |
| 青浦区 | 0 | 0 | 0 | 0 |
| 奉贤区 | 1 | 50 | 26946 | 26946 |
| 崇明区 | 0 | 0 | 0 | 0 |

# 2－2 自然科学研究与技术开发机构从业人员情况

**（2017 年）**

| | 从业人员（人） | 从事科技活动人员 | #女性 | 从事生产、经营活动人员 | 其他人员 |
|---|---|---|---|---|---|
| 总计 | 44657 | 36686 | 12272 | 4410 | 3561 |
| 按隶属关系分 | | | | | |
| 地方县以上属 | 6890 | 5120 | 2403 | 154 | 1616 |
| 中央部门属 | 37767 | 31566 | 9869 | 4256 | 1945 |
| #中国科学院 | 8490 | 8384 | 3377 | 5 | 101 |
| 按学科领域分 | | | | | |
| 自然科学 | 5954 | 5677 | 2332 | 22 | 255 |
| 农业科学 | 1632 | 1444 | 605 | 77 | 111 |
| 医学科学 | 3982 | 2547 | 1532 | 0 | 1435 |
| 工程科学与技术 | 33002 | 26931 | 7755 | 4311 | 1760 |
| 社会人文科学 | 87 | 87 | 48 | 0 | 0 |
| 按所在地分 | | | | | |
| 黄浦区 | 1632 | 1471 | 485 | 17 | 144 |
| 徐汇区 | 10135 | 7869 | 3310 | 487 | 1779 |
| 长宁区 | 3961 | 2969 | 873 | 877 | 115 |
| 静安区 | 313 | 280 | 132 | 15 | 18 |
| 普陀区 | 2682 | 1994 | 579 | 562 | 126 |
| 虹口区 | 818 | 813 | 268 | 5 | 0 |
| 杨浦区 | 2732 | 1805 | 523 | 866 | 61 |
| 闵行区 | 11191 | 9373 | 2795 | 1209 | 609 |
| 宝山区 | 0 | 0 | 0 | 0 | 0 |
| 嘉定区 | 4042 | 3495 | 1089 | 249 | 298 |
| 浦东新区 | 5941 | 5574 | 1987 | 38 | 329 |
| 金山区 | 0 | 0 | 0 | 0 | 0 |
| 松江区 | 1160 | 997 | 215 | 82 | 81 |
| 青浦区 | 0 | 0 | 0 | 0 | 0 |
| 奉贤区 | 50 | 46 | 16 | 3 | 1 |
| 崇明区 | 0 | 0 | 0 | 0 | 0 |

# 2－3 自然科学研究与技术开发机构从事科技活动人员情况

（2017年）

| | 从事科技活动人员（人） | #高级职称 | #中级职称 | #初级职称 |
|---|---|---|---|---|
| 总计 | 36686 | 12307 | 13591 | 6348 |
| 按隶属关系分 | | | | |
| 地方县以上属 | 5120 | 1448 | 2013 | 1036 |
| 中央部门属 | 31566 | 10859 | 11578 | 5312 |
| #中国科学院 | 8384 | 3525 | 3344 | 814 |
| 按学科领域分 | | | | |
| 自然科学 | 5677 | 2504 | 2150 | 515 |
| 农业科学 | 1444 | 511 | 562 | 201 |
| 医学科学 | 2547 | 798 | 965 | 547 |
| 工程科学与技术 | 26931 | 8473 | 9879 | 5076 |
| 社会人文科学 | 87 | 21 | 35 | 9 |
| 按所在地分 | | | | |
| 黄浦区 | 1471 | 611 | 491 | 289 |
| 徐汇区 | 7869 | 2594 | 2880 | 1480 |
| 长宁区 | 2969 | 957 | 1183 | 742 |
| 静安区 | 280 | 81 | 127 | 55 |
| 普陀区 | 1994 | 727 | 757 | 284 |
| 虹口区 | 813 | 374 | 333 | 82 |
| 杨浦区 | 1805 | 559 | 758 | 395 |
| 闵行区 | 9373 | 3235 | 3340 | 1384 |
| 宝山区 | 0 | 0 | 0 | 0 |
| 嘉定区 | 3495 | 1124 | 1247 | 621 |
| 浦东新区 | 5574 | 1865 | 2215 | 894 |
| 金山区 | 0 | 0 | 0 | 0 |
| 松江区 | 997 | 161 | 239 | 117 |
| 青浦区 | 0 | 0 | 0 | 0 |
| 奉贤区 | 46 | 19 | 21 | 5 |
| 崇明区 | 0 | 0 | 0 | 0 |

2－3　续表 1

| | 从事科技活动人员（人） | #博士毕业 | #硕士毕业 | #本科毕业 | #大专毕业 |
|---|---|---|---|---|---|
| 总计 | 36686 | 5381 | 13754 | 12831 | 2776 |
| 按隶属关系分 | | | | | |
| 地方县以上属 | 5120 | 887 | 1524 | 2046 | 385 |
| 中央部门属 | 31566 | 4494 | 12230 | 10785 | 2391 |
| #中国科学院 | 8384 | 3080 | 2389 | 1967 | 579 |
| 按学科领域分 | | | | | |
| 自然科学 | 5677 | 2126 | 1553 | 1380 | 389 |
| 农业科学 | 1444 | 397 | 484 | 397 | 78 |
| 医学科学 | 2547 | 630 | 730 | 832 | 223 |
| 工程科学与技术 | 26931 | 2219 | 10941 | 10203 | 2076 |
| 社会人文科学 | 87 | 9 | 46 | 19 | 10 |
| 按所在地分 | | | | | |
| 黄浦区 | 1471 | 201 | 509 | 591 | 80 |
| 徐汇区 | 7869 | 1570 | 2529 | 2711 | 604 |
| 长宁区 | 2969 | 574 | 1049 | 1073 | 210 |
| 静安区 | 280 | 20 | 68 | 154 | 30 |
| 普陀区 | 1994 | 70 | 620 | 1072 | 158 |
| 虹口区 | 813 | 274 | 246 | 219 | 40 |
| 杨浦区 | 1805 | 204 | 723 | 691 | 129 |
| 闵行区 | 9373 | 854 | 3991 | 3146 | 955 |
| 宝山区 | 0 | 0 | 0 | 0 | 0 |
| 嘉定区 | 3495 | 856 | 1038 | 1166 | 248 |
| 浦东新区 | 5574 | 719 | 2799 | 1714 | 220 |
| 金山区 | 0 | 0 | 0 | 0 | 0 |
| 松江区 | 997 | 21 | 166 | 286 | 102 |
| 青浦区 | 0 | 0 | 0 | 0 | 0 |
| 奉贤区 | 46 | 18 | 16 | 8 | 0 |
| 崇明区 | 0 | 0 | 0 | 0 | 0 |

| | 从事科技活动人员（人） | 科技管理人员 | 课题活动人员 | 科技服务人员 |
|---|---|---|---|---|
| 总计 | 36686 | 6015 | 24679 | 5992 |
| 按隶属关系分 | | | | |
| 地方县以上属 | 5120 | 805 | 3187 | 1128 |
| 中央部门属 | 31566 | 5210 | 21492 | 4864 |
| #中国科学院 | 8384 | 808 | 5711 | 1865 |
| 按学科领域分 | | | | |
| 自然科学 | 5677 | 623 | 3768 | 1286 |
| 农业科学 | 1444 | 298 | 990 | 156 |
| 医学科学 | 2547 | 273 | 1954 | 320 |
| 工程科学与技术 | 26931 | 4802 | 17903 | 4226 |
| 社会人文科学 | 87 | 19 | 64 | 4 |
| 按所在地分 | | | | |
| 黄浦区 | 1471 | 212 | 1182 | 77 |
| 徐汇区 | 7869 | 1073 | 4895 | 1901 |
| 长宁区 | 2969 | 361 | 2149 | 459 |
| 静安区 | 280 | 79 | 105 | 96 |
| 普陀区 | 1994 | 272 | 1237 | 485 |
| 虹口区 | 813 | 89 | 593 | 131 |
| 杨浦区 | 1805 | 272 | 1333 | 200 |
| 闵行区 | 9373 | 2407 | 5681 | 1285 |
| 宝山区 | 0 | 0 | 0 | 0 |
| 嘉定区 | 3495 | 358 | 2339 | 798 |
| 浦东新区 | 5574 | 696 | 4474 | 404 |
| 金山区 | 0 | 0 | 0 | 0 |
| 松江区 | 997 | 192 | 652 | 153 |
| 青浦区 | 0 | 0 | 0 | 0 |
| 奉贤区 | 46 | 4 | 39 | 3 |
| 崇明区 | 0 | 0 | 0 | 0 |

# 2－4 自然科学研究与技术开发机构经常费收入情况

(2017 年)

| | 经常费收入总额（千元） | 科技活动收入 | 经营收入 | 其他收入 |
|---|---|---|---|---|
| 总计 | 55869017 | 39781711 | 13364504 | 2722802 |
| 按隶属关系分 | | | | |
| 地方县以上属 | 4384116 | 3536858 | 425405 | 421853 |
| 中央部门属 | 51484901 | 36244853 | 12939099 | 2300949 |
| #中国科学院 | 8804770 | 8486670 | 140630 | 177470 |
| 按学科领域分 | | | | |
| 自然科学 | 6573590 | 6051809 | 159422 | 362359 |
| 农业科学 | 1194736 | 987768 | 96868 | 110100 |
| 医学科学 | 2014063 | 1829133 | 50586 | 134344 |
| 工程科学与技术 | 46035747 | 30862617 | 13057193 | 2115937 |
| 社会人文科学 | 50881 | 50384 | 435 | 62 |
| 按所在地分 | | | | |
| 黄浦区 | 1531247 | 1368469 | 29480 | 133298 |
| 徐汇区 | 11399169 | 9778325 | 980271 | 640573 |
| 长宁区 | 5631142 | 1835488 | 3689627 | 106027 |
| 静安区 | 321533 | 245108 | 45011 | 31414 |
| 普陀区 | 4493225 | 1237402 | 3213945 | 41878 |
| 虹口区 | 1254069 | 1238464 | 0 | 15605 |
| 杨浦区 | 3583498 | 2644415 | 889707 | 49376 |
| 闵行区 | 19120282 | 14945003 | 3181166 | 994113 |
| 宝山区 | 0 | 0 | 0 | 0 |
| 嘉定区 | 3593648 | 2070729 | 1235383 | 287536 |
| 浦东新区 | 3767832 | 3330159 | 21589 | 416084 |
| 金山区 | 0 | 0 | 0 | 0 |
| 松江区 | 1146426 | 1061511 | 78325 | 6590 |
| 青浦区 | 0 | 0 | 0 | 0 |
| 奉贤区 | 26946 | 26638 | 0 | 308 |
| 崇明区 | 0 | 0 | 0 | 0 |

# 2－5　自然科学研究与技术开发机构科技活动收入情况

**（2017 年）**

| | 科技活动收入（千元） | 政府资金 | 非政府资金 |
|---|---|---|---|
| 总计 | 39781711 | 29782438 | 9999273 |
| 按隶属关系分 | | | |
| 地方县以上属 | 3536858 | 2153334 | 1383524 |
| 中央部门属 | 36244853 | 27629104 | 8615749 |
| #中国科学院 | 8486670 | 6781001 | 1705669 |
| 按学科领域分 | | | |
| 自然科学 | 6051809 | 5005368 | 1046441 |
| 农业科学 | 987768 | 890940 | 96828 |
| 医学科学 | 1829133 | 1178313 | 650820 |
| 工程科学与技术 | 30862617 | 22661073 | 8201544 |
| 社会人文科学 | 50384 | 46744 | 3640 |
| 按所在地分 | | | |
| 黄浦区 | 1368469 | 460027 | 908442 |
| 徐汇区 | 9778325 | 7341297 | 2437028 |
| 长宁区 | 1835488 | 1016551 | 818937 |
| 静安区 | 245108 | 225052 | 20056 |
| 普陀区 | 1237402 | 143726 | 1093676 |
| 虹口区 | 1238464 | 1189779 | 48685 |
| 杨浦区 | 2644415 | 2578666 | 65749 |
| 闵行区 | 14945003 | 12206523 | 2738480 |
| 宝山区 | 0 | 0 | 0 |
| 嘉定区 | 2070729 | 1678042 | 392687 |
| 浦东新区 | 3330159 | 1922489 | 1407670 |
| 金山区 | 0 | 0 | 0 |
| 松江区 | 1061511 | 997278 | 64233 |
| 青浦区 | 0 | 0 | 0 |
| 奉贤区 | 26638 | 23008 | 3630 |
| 崇明区 | 0 | 0 | 0 |

# 2－6 自然科学研究与技术开发机构政府拨款情况

**（2017 年）**

| | 政府资金（千元） | #财政补助收入 | #承担政府科研项目收入 | #来自地方政府的资金 |
|---|---|---|---|---|
| 总计 | 29782438 | 10503005 | 14977799 | 2712143 |
| 按隶属关系分 | | | | |
| 地方县以上属 | 2153334 | 1620665 | 425218 | 2004833 |
| 中央部门属 | 27629104 | 8882340 | 14552581 | 707310 |
| #中国科学院 | 6781001 | 4202309 | 2016972 | 582007 |
| 按学科领域分 | | | | |
| 自然科学 | 5005368 | 2951610 | 1805021 | 301384 |
| 农业科学 | 890940 | 667898 | 216375 | 508395 |
| 医学科学 | 1178313 | 980782 | 181652 | 612302 |
| 工程科学与技术 | 22661073 | 5856976 | 12773746 | 1243318 |
| 社会人文科学 | 46744 | 45739 | 1005 | 46744 |
| 按所在地分 | | | | |
| 黄浦区 | 460027 | 203748 | 256279 | 82448 |
| 徐汇区 | 7341297 | 2674985 | 987385 | 965932 |
| 长宁区 | 1016551 | 744090 | 217838 | 129575 |
| 静安区 | 225052 | 112885 | 13815 | 220071 |
| 普陀区 | 143726 | 115944 | 27782 | 53099 |
| 虹口区 | 1189779 | 396968 | 791515 | 0 |
| 杨浦区 | 2578666 | 557317 | 2021349 | 95930 |
| 闵行区 | 12206523 | 3036996 | 9090183 | 401212 |
| 宝山区 | 0 | 0 | 0 | 0 |
| 嘉定区 | 1678042 | 1131997 | 457552 | 129619 |
| 浦东新区 | 1922489 | 1419702 | 202188 | 611749 |
| 金山区 | 0 | 0 | 0 | 0 |
| 松江区 | 997278 | 98000 | 899278 | 0 |
| 青浦区 | 0 | 0 | 0 | 0 |
| 奉贤区 | 23008 | 10373 | 12635 | 22508 |
| 崇明区 | 0 | 0 | 0 | 0 |

## 2－7 自然科学研究与技术开发机构非政府资金情况

**（2017 年）**

| | 非政府资金（千元） | #技术性收入 | #来自企业 | #国外资金 |
|---|---|---|---|---|
| 总计 | 9999273 | 5432386 | 2594313 | 72744 |
| 按隶属关系分 | | | | |
| 地方县以上属 | 1383524 | 1229601 | 282035 | 11644 |
| 中央部门属 | 8615749 | 4202785 | 2312278 | 61100 |
| #中国科学院 | 1705669 | 1021658 | 486645 | 48499 |
| 按学科领域分 | | | | |
| 自然科学 | 1046441 | 559805 | 239483 | 26083 |
| 农业科学 | 96828 | 95224 | 68396 | 845 |
| 医学科学 | 650820 | 409503 | 198131 | 40448 |
| 工程科学与技术 | 8201544 | 4364269 | 2088303 | 5368 |
| 社会人文科学 | 3640 | 3585 | 0 | 0 |
| 按所在地分 | | | | |
| 黄浦区 | 908442 | 221174 | 189914 | 12601 |
| 徐汇区 | 2437028 | 1782446 | 648680 | 26976 |
| 长宁区 | 818937 | 423262 | 215504 | 1735 |
| 静安区 | 20056 | 20056 | 20056 | 0 |
| 普陀区 | 1093676 | 168842 | 3 | 0 |
| 虹口区 | 48685 | 42519 | 0 | 0 |
| 杨浦区 | 65749 | 65480 | 36188 | 0 |
| 闵行区 | 2738480 | 1123723 | 888963 | 845 |
| 宝山区 | 0 | 0 | 0 | 0 |
| 嘉定区 | 392687 | 365693 | 15230 | 0 |
| 浦东新区 | 1407670 | 1164385 | 570527 | 30587 |
| 金山区 | 0 | 0 | 0 | 0 |
| 松江区 | 64233 | 51176 | 5816 | 0 |
| 青浦区 | 0 | 0 | 0 | 0 |
| 奉贤区 | 3630 | 3630 | 3432 | 0 |
| 崇明区 | 0 | 0 | 0 | 0 |

## 2－8 自然科学研究与技术开发机构经常费内部支出情况

**（2017 年）**

| | 经常费内部支出总额（千元） | 科技活动经费内部支出 | 经营活动支出 | 其他活动支出 |
|---|---|---|---|---|
| 总计 | 49210859 | 33477376 | 10254838 | 5478645 |
| 按隶属关系分 | | | | |
| 地方县以上属 | 3910370 | 3319520 | 171660 | 419190 |
| 中央部门属 | 45300489 | 30157856 | 10083178 | 5059455 |
| #中国科学院 | 7429400 | 6896381 | 128655 | 404364 |
| 按学科领域分 | | | | |
| 自然科学 | 5617461 | 4996280 | 125669 | 495512 |
| 农业科学 | 1092023 | 947168 | 17310 | 127545 |
| 医学科学 | 1751018 | 1517695 | 25921 | 207402 |
| 工程科学与技术 | 40700626 | 25990158 | 10062516 | 4647952 |
| 社会人文科学 | 49731 | 26075 | 23422 | 234 |
| 按所在地分 | | | | |
| 黄浦区 | 1407124 | 1278225 | 26671 | 102228 |
| 徐汇区 | 10330669 | 9150295 | 721987 | 458387 |
| 长宁区 | 5243790 | 1621498 | 1947894 | 1674398 |
| 静安区 | 262955 | 197599 | 24746 | 40610 |
| 普陀区 | 4109988 | 1289432 | 2594662 | 225894 |
| 虹口区 | 996750 | 981145 | 0 | 15605 |
| 杨浦区 | 3103043 | 2214762 | 855761 | 32520 |
| 闵行区 | 16198273 | 11294373 | 2998773 | 1905127 |
| 宝山区 | 0 | 0 | 0 | 0 |
| 嘉定区 | 3134813 | 1867865 | 967539 | 299409 |
| 浦东新区 | 3534683 | 2869041 | 36468 | 629174 |
| 金山区 | 0 | 0 | 0 | 0 |
| 松江区 | 861825 | 686340 | 80313 | 95172 |
| 青浦区 | 0 | 0 | 0 | 0 |
| 奉贤区 | 26946 | 26801 | 24 | 121 |
| 崇明区 | 0 | 0 | 0 | 0 |

# 2－9　自然科学研究与技术开发机构科技活动经费支出情况

**(2017 年)**

| | 科技活动经费内部支出（千元） | 人员劳务费 | 设备购置费 | 其他日常支出 |
|---|---|---|---|---|
| 总计 | 33477376 | 8909818 | 1782044 | 22785514 |
| 按隶属关系分 | | | | |
| 地方县以上属 | 3319520 | 1383436 | 360063 | 1576021 |
| 中央部门属 | 30157856 | 7526382 | 1421981 | 21209493 |
| #中国科学院 | 6896381 | 2298437 | 808652 | 3789292 |
| 按学科领域分 | | | | |
| 自然科学 | 4996280 | 1714057 | 565852 | 2716371 |
| 农业科学 | 947168 | 378219 | 117134 | 451815 |
| 医学科学 | 1517695 | 585841 | 165293 | 766561 |
| 工程科学与技术 | 25990158 | 6213490 | 927873 | 18848795 |
| 社会人文科学 | 26075 | 18211 | 5892 | 1972 |
| 按所在地分 | | | | |
| 黄浦区 | 1278225 | 326825 | 20438 | 930962 |
| 徐汇区 | 9150295 | 2150008 | 478066 | 6522221 |
| 长宁区 | 1621498 | 591634 | 166260 | 863604 |
| 静安区 | 197599 | 66355 | 10449 | 120795 |
| 普陀区 | 1289432 | 340773 | 26227 | 922432 |
| 虹口区 | 981145 | 301938 | 70856 | 608351 |
| 杨浦区 | 2214762 | 499310 | 60219 | 1655233 |
| 闵行区 | 11294373 | 2327418 | 372302 | 8594653 |
| 宝山区 | 0 | 0 | 0 | 0 |
| 嘉定区 | 1867865 | 676437 | 311492 | 879936 |
| 浦东新区 | 2869041 | 1448635 | 241059 | 1179347 |
| 金山区 | 0 | 0 | 0 | 0 |
| 松江区 | 686340 | 169659 | 22889 | 493792 |
| 青浦区 | 0 | 0 | 0 | 0 |
| 奉贤区 | 26801 | 10826 | 1787 | 14188 |
| 崇明区 | 0 | 0 | 0 | 0 |

# 2-10 自然科学研究与技术开发机构其他支出情况

**（2017 年）**

| | 经营活动支出（千元） | #经营税金 | 其他活动支出（千元） | 本年外部支出总额（千元） | #科技活动经费外部支出 |
|---|---|---|---|---|---|
| 总计 | 10254838 | 155969 | 5478645 | 853015 | 853015 |
| 按隶属关系分 | | | | | |
| 地方县以上属 | 171660 | 1985 | 419190 | 27312 | 27312 |
| 中央部门属 | 10083178 | 153984 | 5059455 | 825703 | 825703 |
| #中国科学院 | 128655 | 8646 | 404364 | 47166 | 47166 |
| 按学科领域分 | | | | | |
| 自然科学 | 125669 | 7759 | 495512 | 29939 | 29939 |
| 农业科学 | 17310 | 2237 | 127545 | 31601 | 31601 |
| 医学科学 | 25921 | 30 | 207402 | 9950 | 9950 |
| 工程科学与技术 | 10062516 | 145717 | 4647952 | 781525 | 781525 |
| 社会人文科学 | 23422 | 226 | 234 | 0 | 0 |
| 按所在地分 | | | | | |
| 黄浦区 | 26671 | 592 | 102228 | 97078 | 97078 |
| 徐汇区 | 721987 | 12657 | 458387 | 29492 | 29492 |
| 长宁区 | 1947894 | 118940 | 1674398 | 0 | 0 |
| 静安区 | 24746 | 797 | 40610 | 0 | 0 |
| 普陀区 | 2594662 | 7218 | 225894 | 0 | 0 |
| 虹口区 | 0 | 0 | 15605 | 0 | 0 |
| 杨浦区 | 855761 | 5640 | 32520 | 23638 | 23638 |
| 闵行区 | 2998773 | 4127 | 1905127 | 11323 | 11323 |
| 宝山区 | 0 | 0 | 0 | 0 | 0 |
| 嘉定区 | 967539 | 4529 | 299409 | 26481 | 26481 |
| 浦东新区 | 36468 | 1297 | 629174 | 665003 | 665003 |
| 金山区 | 0 | 0 | 0 | 0 | 0 |
| 松江区 | 80313 | 148 | 95172 | 0 | 0 |
| 青浦区 | 0 | 0 | 0 | 0 | 0 |
| 奉贤区 | 24 | 24 | 121 | 0 | 0 |
| 崇明区 | 0 | 0 | 0 | 0 | 0 |

# 2－11 自然科学研究与技术开发机构基建情况

（2017 年）

| | 基本建设投资实际完成额（千元） | #科研基建 | #科研仪器设备 | #科研土建工程 | #政府资金 |
|---|---|---|---|---|---|
| 总计 | 4196948 | 4108553 | 1892143 | 2216410 | 2841777 |
| 按隶属关系分 | | | | | |
| 地方县以上属 | 172793 | 172793 | 164246 | 8547 | 112793 |
| 中央部门属 | 4024155 | 3935760 | 1727897 | 2207863 | 2728984 |
| #中国科学院 | 747557 | 743224 | 112901 | 630323 | 499689 |
| 按学科领域分 | | | | | |
| 自然科学 | 355450 | 351117 | 161523 | 189594 | 308735 |
| 农业科学 | 133664 | 133664 | 118816 | 14848 | 73664 |
| 医学科学 | 70883 | 70883 | 8886 | 61997 | 34530 |
| 工程科学与技术 | 3541151 | 3457089 | 1507118 | 1949971 | 2329048 |
| 社会人文科学 | 95800 | 95800 | 95800 | 0 | 95800 |
| 按所在地分 | | | | | |
| 黄浦区 | 123081 | 123081 | 59786 | 63295 | 25335 |
| 徐汇区 | 718114 | 713649 | 435022 | 278627 | 596959 |
| 长宁区 | 194403 | 194403 | 102470 | 91933 | 104177 |
| 静安区 | 5959 | 5959 | 5959 | 0 | 5959 |
| 普陀区 | 110569 | 110569 | 21990 | 88579 | 40398 |
| 虹口区 | 54621 | 54621 | 53685 | 936 | 54060 |
| 杨浦区 | 368668 | 314318 | 240427 | 73891 | 215087 |
| 闵行区 | 1386643 | 1357063 | 665043 | 692020 | 1146457 |
| 宝山区 | 0 | 0 | 0 | 0 | 0 |
| 嘉定区 | 806661 | 806661 | 110755 | 695906 | 454196 |
| 浦东新区 | 306949 | 306949 | 119826 | 187123 | 132729 |
| 金山区 | 0 | 0 | 0 | 0 | 0 |
| 松江区 | 121280 | 121280 | 77180 | 44100 | 66420 |
| 青浦区 | 0 | 0 | 0 | 0 | 0 |
| 奉贤区 | 0 | 0 | 0 | 0 | 0 |
| 崇明区 | 0 | 0 | 0 | 0 | 0 |

# 2－12　自然科学研究与技术开发机构固定资产情况

**（2017 年）**

| | 年末固定资产原价（千元） | #科研房屋建筑物 | #科研仪器设备 | #进口 |
|---|---|---|---|---|
| 总计 | 49832072 | 15770660 | 26868093 | 10038360 |
| 按隶属关系分 | | | | |
| 地方县以上属 | 6008115 | 1136177 | 3176784 | 1651277 |
| 中央部门属 | 43823957 | 14634483 | 23691309 | 8387083 |
| #中国科学院 | 16824671 | 3639681 | 11425202 | 6224422 |
| 按学科领域分 | | | | |
| 自然科学 | 12502341 | 2346510 | 7451248 | 4274599 |
| 农业科学 | 2053348 | 1062503 | 725735 | 195421 |
| 医学科学 | 3280241 | 522740 | 1970065 | 1421386 |
| 工程科学与技术 | 31875312 | 11838907 | 16625245 | 4083073 |
| 社会人文科学 | 120830 | 0 | 95800 | 63881 |
| 按所在地分 | | | | |
| 黄浦区 | 1399606 | 527007 | 826112 | 19533 |
| 徐汇区 | 12234430 | 3184659 | 6501201 | 2693069 |
| 长宁区 | 5312063 | 1390945 | 2898352 | 1694682 |
| 静安区 | 430556 | 20586 | 112864 | 63776 |
| 普陀区 | 1211179 | 425932 | 396653 | 285574 |
| 虹口区 | 1958267 | 492610 | 1443498 | 832643 |
| 杨浦区 | 2064325 | 749206 | 1111163 | 243873 |
| 闵行区 | 11844772 | 4928546 | 6130304 | 1422321 |
| 宝山区 | 0 | 0 | 0 | 0 |
| 嘉定区 | 5841195 | 1187434 | 4168085 | 1472478 |
| 浦东新区 | 6321489 | 2305945 | 2673497 | 1144638 |
| 金山区 | 0 | 0 | 0 | 0 |
| 松江区 | 1182317 | 555763 | 576678 | 141267 |
| 青浦区 | 0 | 0 | 0 | 0 |
| 奉贤区 | 31873 | 2027 | 29686 | 24506 |
| 崇明区 | 0 | 0 | 0 | 0 |

# 2－13　自然科学研究与技术开发机构论文与专利情况

**（2017 年）**

| | 发表科技论文（篇） | #国外发表 | 出版科技著作（种） | 专利申请受理数（件） | #发明专利 |
|---|---|---|---|---|---|
| 总计 | 9750 | 4705 | 104 | 4434 | 3649 |
| 按隶属关系分 | | | | | |
| 地方县以上属 | 2031 | 641 | 40 | 381 | 291 |
| 中央部门属 | 7719 | 4064 | 64 | 4053 | 3358 |
| #中国科学院 | 4487 | 3578 | 24 | 1439 | 1269 |
| 按学科领域分 | | | | | |
| 自然科学 | 2770 | 2045 | 16 | 821 | 768 |
| 农业科学 | 929 | 189 | 20 | 352 | 280 |
| 医学科学 | 1649 | 933 | 34 | 293 | 269 |
| 工程科学与技术 | 4383 | 1535 | 32 | 2968 | 2332 |
| 社会人文科学 | 19 | 3 | 2 | 0 | 0 |
| 按所在地分 | | | | | |
| 黄浦区 | 394 | 188 | 4 | 169 | 108 |
| 徐汇区 | 2198 | 1274 | 41 | 644 | 528 |
| 长宁区 | 1232 | 1012 | 7 | 584 | 414 |
| 静安区 | 150 | 58 | 0 | 2 | 2 |
| 普陀区 | 317 | 47 | 12 | 174 | 104 |
| 虹口区 | 485 | 168 | 2 | 98 | 98 |
| 杨浦区 | 537 | 57 | 8 | 454 | 376 |
| 闵行区 | 1582 | 287 | 17 | 1262 | 1134 |
| 宝山区 | 0 | 0 | 0 | 0 | 0 |
| 嘉定区 | 1138 | 889 | 3 | 390 | 349 |
| 浦东新区 | 1640 | 725 | 10 | 551 | 442 |
| 金山区 | 0 | 0 | 0 | 0 | 0 |
| 松江区 | 55 | 0 | 0 | 93 | 82 |
| 青浦区 | 0 | 0 | 0 | 0 | 0 |
| 奉贤区 | 22 | 0 | 0 | 13 | 12 |
| 崇明区 | 0 | 0 | 0 | 0 | 0 |

2－13 续表

| | 专利授权数（件） | #发明专利 | #国外授权 | 有效发明专利数（件） | 专利所有权转让及许可数（件） | 专利所有权转让及许可收入（千元） |
|---|---|---|---|---|---|---|
| 总计 | 2543 | 2007 | 78 | 11599 | 157 | 96448 |
| 按隶属关系分 | | | | | | |
| 地方县以上属 | 183 | 109 | 8 | 915 | 6 | 1513 |
| 中央部门属 | 2360 | 1898 | 70 | 10684 | 151 | 94935 |
| #中国科学院 | 956 | 890 | 66 | 5313 | 112 | 85261 |
| 按学科领域分 | | | | | | |
| 自然科学 | 613 | 568 | 30 | 3700 | 56 | 15769 |
| 农业科学 | 176 | 115 | 3 | 819 | 1 | 150 |
| 医学科学 | 100 | 83 | 23 | 681 | 19 | 38882 |
| 工程科学与技术 | 1654 | 1241 | 22 | 6399 | 81 | 41647 |
| 社会人文科学 | 0 | 0 | 0 | 0 | 0 | 0 |
| 按所在地分 | | | | | | |
| 黄浦区 | 55 | 16 | 0 | 108 | 2 | 300 |
| 徐汇区 | 395 | 284 | 11 | 1771 | 56 | 13148 |
| 长宁区 | 397 | 356 | 18 | 3031 | 51 | 29240 |
| 静安区 | 9 | 9 | 0 | 61 | 0 | 0 |
| 普陀区 | 86 | 37 | 0 | 269 | 2 | 3 |
| 虹口区 | 71 | 71 | 0 | 111 | 0 | 0 |
| 杨浦区 | 248 | 187 | 2 | 1046 | 0 | 0 |
| 闵行区 | 606 | 493 | 2 | 2639 | 15 | 8550 |
| 宝山区 | 0 | 0 | 0 | 0 | 0 | 0 |
| 嘉定区 | 273 | 243 | 14 | 1145 | 4 | 2160 |
| 浦东新区 | 358 | 277 | 31 | 1285 | 19 | 42522 |
| 金山区 | 0 | 0 | 0 | 0 | 0 | 0 |
| 松江区 | 42 | 32 | 0 | 121 | 8 | 525 |
| 青浦区 | 0 | 0 | 0 | 0 | 0 | 0 |
| 奉贤区 | 3 | 2 | 0 | 12 | 0 | 0 |
| 崇明区 | 0 | 0 | 0 | 0 | 0 | 0 |

# 2－14　自然科学研究与技术开发机构课题情况

**(2017年)**

| | 课题数合计(项) | 投入人力(人年) | #研究人员 | 经费内部支出(千元) | #政府资金 |
|---|---|---|---|---|---|
| 总计 | 9685 | 28264.9 | 16715.9 | 17227500 | 14141193 |
| 按隶属关系分 | | | | | |
| 地方县以上属 | 1836 | 2902.8 | 1669.3 | 1251025 | 914911 |
| 中央部门属 | 7849 | 25362.1 | 15046.6 | 15976475 | 13226282 |
| #中国科学院 | 6346 | 8384.9 | 6582.7 | 4411910 | 3926781 |
| 按课题来源分 | | | | | |
| 国家科技项目 | 5474 | 17960.1 | 10223.2 | 11164328 | 10266999 |
| 地方科技项目 | 2350 | 3541.6 | 2304.2 | 1777543 | 1487544 |
| 企业委托科技项目 | 586 | 823.2 | 518.7 | 393064 | 52261 |
| 自选科技项目 | 471 | 1883.4 | 1045.9 | 1494519 | 401407 |
| 国际合作科技项目 | 113 | 137.0 | 90.2 | 59658 | 13188 |
| 其他科技项目 | 691 | 3919.6 | 2533.7 | 2338388 | 1919794 |
| 按学科领域分 | | | | | |
| 自然科学 | 4437 | 4799.0 | 3876.3 | 2312778 | 1994150 |
| 农业科学 | 818 | 1280.2 | 750.3 | 554566 | 511014 |
| 医学科学 | 1171 | 1929.7 | 1301.8 | 832890 | 571681 |
| 工程科学与技术 | 3185 | 20115.0 | 10741.9 | 13454631 | 10992307 |
| 社会人文科学 | 74 | 141.0 | 45.6 | 72635 | 72041 |
| 按技术领域分 | | | | | |
| 信息技术 | 780 | 3764.0 | 1627.1 | 2660412 | 972104 |
| 生物技术和现代农业技术 | 4316 | 4586.9 | 3407.1 | 2011690 | 1749468 |
| 新材料技术 | 1191 | 2008.3 | 1617.2 | 958619 | 861888 |
| 能源技术 | 109 | 264.7 | 192.8 | 126696 | 98423 |
| 激光技术 | 221 | 601.3 | 410.8 | 351266 | 327144 |
| 先进制造与自动化技术 | 216 | 1549.1 | 783.2 | 783674 | 710505 |
| 航天技术 | 318 | 7762.9 | 3234.9 | 7104357 | 6988750 |
| 资源与环境技术 | 315 | 406.6 | 199.6 | 172968 | 137465 |
| 其他技术领域 | 1693 | 6404.2 | 4547.1 | 2623302 | 1903064 |
| 非技术领域 | 526 | 916.9 | 696.1 | 434516 | 392382 |

2-14 续表

| | 课题数合计（项） | 投入人力（人年） | #研究人员 | 经费内部支出（千元） | #政府资金 |
|---|---|---|---|---|---|
| 按课题类型分 | | | | | |
| 基础研究 | 4022 | 4233.7 | 3468.2 | 1596517 | 1564335 |
| 应用研究 | 3176 | 11519.7 | 7604.9 | 5912120 | 4579014 |
| 试验发展 | 1433 | 10380.9 | 4428.0 | 8792178 | 7244957 |
| 研究与试验发展成果应用 | 445 | 985.4 | 560.5 | 497552 | 404017 |
| 科技服务 | 609 | 1145.2 | 654.3 | 429133 | 348870 |
| 按社会经济目标分 | | | | | |
| 环境保护、生态建设及污染防治 | 275 | 385.6 | 213.1 | 131056 | 113485 |
| 能源生产、分配和合理利用 | 89 | 190.1 | 150.1 | 69681 | 32203 |
| 卫生事业发展 | 1264 | 2028.8 | 1410.4 | 890050 | 597246 |
| 教育事业发展 | 10 | 10.7 | 5.0 | 4423 | 3402 |
| 基础设施以及城市和农村规划 | 140 | 379.1 | 237.2 | 331562 | 279587 |
| 社会发展和社会服务 | 664 | 1455.4 | 872.6 | 792344 | 524577 |
| 地球和大气层的探索与利用 | 108 | 132.1 | 107.4 | 66668 | 52052 |
| 民用空间的探测及开发 | 183 | 1695.0 | 989.1 | 1261683 | 1239585 |
| 促进农林牧渔业发展 | 845 | 1285.2 | 764.6 | 594435 | 520957 |
| 工商业发展 | 515 | 2442.1 | 1172.7 | 1219494 | 521231 |
| 非定向研究 | 4735 | 5626.8 | 4554.5 | 2740639 | 2563956 |
| 其他民用目标 | 219 | 3041.6 | 2296.8 | 1112650 | 602716 |
| 国防 | 638 | 9592.4 | 3942.4 | 8012815 | 7090196 |
| 按合作形式分 | | | | | |
| 与境外机构合作 | 137 | 123.5 | 92.9 | 56601 | 28419 |
| 与国内高校合作 | 233 | 739.5 | 469.7 | 441374 | 361131 |
| 与国内独立研究机构合作 | 765 | 4802.4 | 3423.5 | 2220223 | 1781063 |
| 与境内注册的外商独资企业合作 | 10 | 5.4 | 3.6 | 307 | 88 |
| 与境内注册的其他企业合作 | 311 | 754.8 | 521.5 | 511781 | 329657 |
| 独立研究 | 8144 | 21337.8 | 11867.3 | 13628870 | 11316628 |
| 其他 | 85 | 501.5 | 337.4 | 368344 | 324207 |

# 2－15　社会人文科学研究与技术开发机构情况

**（2017 年）**

| | 机构数（个） | 从业人员（人） | 经常费收入总额（千元） | 经常费内部支出总额（千元） |
|---|---|---|---|---|
| 总计 | 26 | 1193 | 772642 | 728965 |
| 按隶属关系分 | | | | |
| 地方县以上属 | 25 | 1176 | 763474 | 721187 |
| 中央部门属 | 1 | 17 | 9168 | 7778 |
| 按学科领域分 | | | | |
| 管理学 | 1 | 21 | 7963 | 7962 |
| 哲学 | 1 | 33 | 12703 | 13483 |
| 宗教学 | 1 | 18 | 5655 | 5543 |
| 文学 | 1 | 45 | 20099 | 20426 |
| 艺术学 | 1 | 26 | 9192 | 13321 |
| 历史学 | 1 | 42 | 20305 | 20305 |
| 经济学 | 10 | 356 | 155730 | 143663 |
| 政治学 | 1 | 85 | 53524 | 50322 |
| 法学 | 1 | 42 | 17798 | 18040 |
| 社会学 | 3 | 248 | 265515 | 256566 |
| 新闻学与传播学 | 2 | 47 | 24852 | 22688 |
| 图书馆、情报与文献学 | 1 | 40 | 20383 | 20036 |
| 教育学 | 1 | 184 | 157324 | 134079 |
| 统计学 | 1 | 6 | 1599 | 2531 |
| 按所在地分 | | | | |
| 黄浦区 | 16 | 627 | 445499 | 419229 |
| 徐汇区 | 10 | 566 | 327143 | 309736 |
| 静安区 | 0 | 0 | 0 | 0 |
| 闵行区 | 0 | 0 | 0 | 0 |

# 2－16 社会人文科学研究与技术开发机构从业人员情况

**（2017 年）**

| | 从业人员（人） | 从事科技活动人员 | #女性 | 从事生产、经营活动人员 | 其他人员 |
|---|---|---|---|---|---|
| 总计 | 1193 | 1156 | 600 | 2 | 35 |
| 按隶属关系分 | | | | | |
| 地方县以上属 | 1176 | 1141 | 592 | 2 | 33 |
| 中央部门属 | 17 | 15 | 8 | 0 | 2 |
| 按学科领域分 | | | | | |
| 管理学 | 21 | 17 | 11 | 0 | 4 |
| 哲学 | 33 | 33 | 15 | 0 | 0 |
| 宗教学 | 18 | 18 | 11 | 0 | 0 |
| 文学 | 45 | 45 | 23 | 0 | 0 |
| 艺术学 | 26 | 26 | 22 | 0 | 0 |
| 历史学 | 42 | 42 | 13 | 0 | 0 |
| 经济学 | 356 | 348 | 181 | 0 | 8 |
| 政治学 | 85 | 84 | 35 | 0 | 1 |
| 法学 | 42 | 40 | 13 | 0 | 2 |
| 社会学 | 248 | 232 | 127 | 0 | 16 |
| 新闻学与传播学 | 47 | 45 | 30 | 2 | 0 |
| 图书馆、情报与文献学 | 40 | 40 | 18 | 0 | 0 |
| 教育学 | 184 | 180 | 98 | 0 | 4 |
| 统计学 | 6 | 6 | 3 | 0 | 0 |
| 按所在地分 | | | | | |
| 黄浦区 | 627 | 599 | 310 | 2 | 26 |
| 徐汇区 | 566 | 557 | 290 | 0 | 9 |
| 静安区 | 0 | 0 | 0 | 0 | 0 |
| 闵行区 | 0 | 0 | 0 | 0 | 0 |

# 2－17 社会人文科学研究与技术开发机构从事科技活动人员情况

**(2017年)**

| | 从事科技活动人员（人） | #高级职称 | #中级职称 | #初级职称 |
|---|---|---|---|---|
| 总计 | 1156 | 455 | 458 | 88 |
| 按隶属关系分 | | | | |
| 地方县以上属 | 1141 | 450 | 448 | 88 |
| 中央部门属 | 15 | 5 | 10 | 0 |
| 按学科领域分 | | | | |
| 管理学 | 17 | 8 | 6 | 3 |
| 哲学 | 33 | 12 | 20 | 1 |
| 宗教学 | 18 | 4 | 12 | 1 |
| 文学 | 45 | 27 | 12 | 6 |
| 艺术学 | 26 | 6 | 13 | 3 |
| 历史学 | 42 | 23 | 17 | 2 |
| 经济学 | 348 | 158 | 146 | 21 |
| 政治学 | 84 | 33 | 35 | 6 |
| 法学 | 40 | 24 | 15 | 0 |
| 社会学 | 232 | 64 | 74 | 20 |
| 新闻学与传播学 | 45 | 22 | 22 | 1 |
| 图书馆、情报与文献学 | 40 | 16 | 14 | 7 |
| 教育学 | 180 | 57 | 71 | 17 |
| 统计学 | 6 | 1 | 1 | 0 |
| 按所在地分 | | | | |
| 黄浦区 | 599 | 240 | 235 | 36 |
| 徐汇区 | 557 | 215 | 223 | 52 |
| 静安区 | 0 | 0 | 0 | 0 |
| 闵行区 | 0 | 0 | 0 | 0 |

2－17　续表 1

| | 从事科技活动人员（人） | #博士毕业 | #硕士毕业 | #本科毕业 | #大专毕业 |
|---|---|---|---|---|---|
| 总计 | 1156 | 530 | 331 | 237 | 57 |
| 按隶属关系分 | | | | | |
| 地方县以上属 | 1141 | 529 | 324 | 230 | 57 |
| 中央部门属 | 15 | 1 | 7 | 7 | 0 |
| 按学科领域分 | | | | | |
| 管理学 | 17 | 4 | 10 | 3 | 0 |
| 哲学 | 33 | 27 | 3 | 3 | 0 |
| 宗教学 | 18 | 13 | 2 | 2 | 1 |
| 文学 | 45 | 36 | 6 | 2 | 1 |
| 艺术学 | 26 | 5 | 13 | 7 | 1 |
| 历史学 | 42 | 31 | 5 | 4 | 2 |
| 经济学 | 348 | 180 | 84 | 70 | 14 |
| 政治学 | 84 | 48 | 23 | 7 | 6 |
| 法学 | 40 | 32 | 4 | 4 | 0 |
| 社会学 | 232 | 64 | 67 | 75 | 26 |
| 新闻学与传播学 | 45 | 32 | 8 | 4 | 1 |
| 图书馆、情报与文献学 | 40 | 18 | 16 | 5 | 0 |
| 教育学 | 180 | 40 | 88 | 48 | 4 |
| 统计学 | 6 | 0 | 2 | 3 | 1 |
| 按所在地分 | | | | | |
| 黄浦区 | 599 | 286 | 134 | 140 | 39 |
| 徐汇区 | 557 | 244 | 197 | 97 | 18 |
| 静安区 | 0 | 0 | 0 | 0 | 0 |
| 闵行区 | 0 | 0 | 0 | 0 | 0 |

| | 从事科技活动人员（人） | 科技管理人员 | 课题活动人员 | 科技服务人员 |
|---|---|---|---|---|
| 总计 | 1156 | 234 | 780 | 142 |
| 按隶属关系分 | | | | |
| 地方县以上属 | 1141 | 230 | 770 | 141 |
| 中央部门属 | 15 | 4 | 10 | 1 |
| 按学科领域分 | | | | |
| 管理学 | 17 | 0 | 17 | 0 |
| 哲学 | 33 | 5 | 28 | 0 |
| 宗教学 | 18 | 1 | 15 | 2 |
| 文学 | 45 | 41 | 0 | 4 |
| 艺术学 | 26 | 2 | 18 | 6 |
| 历史学 | 42 | 1 | 37 | 4 |
| 经济学 | 348 | 39 | 296 | 13 |
| 政治学 | 84 | 19 | 55 | 10 |
| 法学 | 40 | 2 | 36 | 2 |
| 社会学 | 232 | 68 | 86 | 78 |
| 新闻学与传播学 | 45 | 3 | 38 | 4 |
| 图书馆、情报与文献学 | 40 | 4 | 35 | 1 |
| 教育学 | 180 | 48 | 117 | 15 |
| 统计学 | 6 | 1 | 2 | 3 |
| 按所在地分 | | | | |
| 黄浦区 | 599 | 107 | 397 | 95 |
| 徐汇区 | 557 | 127 | 383 | 47 |
| 静安区 | 0 | 0 | 0 | 0 |
| 闵行区 | 0 | 0 | 0 | 0 |

# 2-18 社会人文科学研究与技术开发机构经常费收入情况

**(2017年)**

| | 经常费收入总额(千元) | 科技活动收入 | 经营收入 | 其他收入 |
|---|---|---|---|---|
| 总计 | 772642 | 693213 | 3592 | 75837 |
| 按隶属关系分 | | | | |
| 地方县以上属 | 763474 | 684065 | 3592 | 75817 |
| 中央部门属 | 9168 | 9148 | 0 | 20 |
| 按学科领域分 | | | | |
| 管理学 | 7963 | 7963 | 0 | 0 |
| 哲学 | 12703 | 12703 | 0 | 0 |
| 宗教学 | 5655 | 5655 | 0 | 0 |
| 文学 | 20099 | 20099 | 0 | 0 |
| 艺术学 | 9192 | 8918 | 0 | 274 |
| 历史学 | 20305 | 20305 | 0 | 0 |
| 经济学 | 155730 | 151224 | 3592 | 914 |
| 政治学 | 53524 | 45391 | 0 | 8133 |
| 法学 | 17798 | 17798 | 0 | 0 |
| 社会学 | 265515 | 205267 | 0 | 60248 |
| 新闻学与传播学 | 24852 | 24852 | 0 | 0 |
| 图书馆、情报与文献学 | 20383 | 20383 | 0 | 0 |
| 教育学 | 157324 | 151056 | 0 | 6268 |
| 统计学 | 1599 | 1599 | 0 | 0 |
| 按所在地分 | | | | |
| 黄浦区 | 445499 | 381325 | 3592 | 60582 |
| 徐汇区 | 327143 | 311888 | 0 | 15255 |
| 静安区 | 0 | 0 | 0 | 0 |
| 闵行区 | 0 | 0 | 0 | 0 |

## 2－19 社会人文科学研究与技术开发机构科技活动收入情况

**（2017 年）**

| | 科技活动收入（千元） | 政府资金 | 非政府资金 |
|---|---|---|---|
| 总计 | 693213 | 573726 | 119487 |
| 按隶属关系分 | | | |
| 地方县以上属 | 684065 | 564578 | 119487 |
| 中央部门属 | 9148 | 9148 | 0 |
| 按学科领域分 | | | |
| 管理学 | 7963 | 7963 | 0 |
| 哲学 | 12703 | 10860 | 1843 |
| 宗教学 | 5655 | 4619 | 1036 |
| 文学 | 20099 | 14458 | 5641 |
| 艺术学 | 8918 | 8525 | 393 |
| 历史学 | 20305 | 13968 | 6337 |
| 经济学 | 151224 | 132483 | 18741 |
| 政治学 | 45391 | 42355 | 3036 |
| 法学 | 17798 | 13371 | 4427 |
| 社会学 | 205267 | 175120 | 30147 |
| 新闻学与传播学 | 24852 | 13783 | 11069 |
| 图书馆、情报与文献学 | 20383 | 11751 | 8632 |
| 教育学 | 151056 | 122871 | 28185 |
| 统计学 | 1599 | 1599 | 0 |
| 按所在地分 | | | |
| 黄浦区 | 381325 | 318164 | 63161 |
| 徐汇区 | 311888 | 255562 | 56326 |
| 静安区 | 0 | 0 | 0 |
| 闵行区 | 0 | 0 | 0 |

## 2－20　社会人文科学研究与技术开发机构政府拨款情况

**（2017年）**

| | 政府资金（千元） | #财政补助收入 | #承担政府科研项目收入 | #来自地方政府资金 |
|---|---|---|---|---|
| 总计 | 573726 | 508469 | 57631 | 551367 |
| 按隶属关系分 | | | | |
| 地方县以上属 | 564578 | 499321 | 57631 | 543442 |
| 中央部门属 | 9148 | 9148 | 0 | 7925 |
| 按学科领域分 | | | | |
| 管理学 | 7963 | 7963 | 0 | 7963 |
| 哲学 | 10860 | 10860 | 0 | 10860 |
| 宗教学 | 4619 | 4619 | 0 | 4619 |
| 文学 | 14458 | 10000 | 4458 | 4458 |
| 艺术学 | 8525 | 8525 | 0 | 8525 |
| 历史学 | 13968 | 13968 | 0 | 13968 |
| 经济学 | 132483 | 96959 | 33554 | 131260 |
| 政治学 | 42355 | 37119 | 5236 | 40615 |
| 法学 | 13371 | 13371 | 0 | 13371 |
| 社会学 | 175120 | 169983 | 0 | 175120 |
| 新闻学与传播学 | 13783 | 13783 | 0 | 13783 |
| 图书馆、情报与文献学 | 11751 | 11751 | 0 | 11751 |
| 教育学 | 122871 | 108488 | 14383 | 113475 |
| 统计学 | 1599 | 1080 | 0 | 1599 |
| 按所在地分 | | | | |
| 黄浦区 | 318164 | 294450 | 16088 | 316941 |
| 徐汇区 | 255562 | 214019 | 41543 | 234426 |
| 静安区 | 0 | 0 | 0 | 0 |
| 闵行区 | 0 | 0 | 0 | 0 |

# 2-21　社会人文科学研究与技术开发机构非政府资金收入情况

**(2017年)**

| | 非政府资金(千元) | #技术性收入 | #来自企业 | #国外资金 |
|---|---|---|---|---|
| 总计 | 119487 | 54023 | 8036 | 0 |
| 按隶属关系分 | | | | |
| 地方县以上属 | 119487 | 54023 | 8036 | 0 |
| 中央部门属 | 0 | 0 | 0 | 0 |
| 按学科领域分 | | | | |
| 管理学 | 0 | 0 | 0 | 0 |
| 哲学 | 1843 | 0 | 0 | 0 |
| 宗教学 | 1036 | 0 | 0 | 0 |
| 文学 | 5641 | 5641 | 5000 | 0 |
| 艺术学 | 393 | 0 | 0 | 0 |
| 历史学 | 6337 | 6337 | 0 | 0 |
| 经济学 | 18741 | 18741 | 0 | 0 |
| 政治学 | 3036 | 3036 | 3036 | 0 |
| 法学 | 4427 | 0 | 0 | 0 |
| 社会学 | 30147 | 567 | 0 | 0 |
| 新闻学与传播学 | 11069 | 11069 | 0 | 0 |
| 图书馆、情报与文献学 | 8632 | 8632 | 0 | 0 |
| 教育学 | 28185 | 0 | 0 | 0 |
| 统计学 | 0 | 0 | 0 | 0 |
| 按所在地分 | | | | |
| 黄浦区 | 63161 | 28118 | 0 | 0 |
| 徐汇区 | 56326 | 25905 | 8036 | 0 |
| 静安区 | 0 | 0 | 0 | 0 |
| 闵行区 | 0 | 0 | 0 | 0 |

# 2－22 社会人文科学研究与技术开发机构经常费支出情况

（2017 年）

| | 经常费内部支出总额（千元） | 科技活动经费内部支出 | 经营活动支出 | 其他活动支出 |
|---|---|---|---|---|
| 总计 | 728965 | 653647 | 786 | 74532 |
| 按隶属关系分 | | | | |
| 地方县以上属 | 721187 | 646229 | 786 | 74172 |
| 中央部门属 | 7778 | 7418 | 0 | 360 |
| 按学科领域分 | | | | |
| 管理学 | 7962 | 4160 | 0 | 3802 |
| 哲学 | 13483 | 13483 | 0 | 0 |
| 宗教学 | 5543 | 5543 | 0 | 0 |
| 文学 | 20426 | 20426 | 0 | 0 |
| 艺术学 | 13321 | 13321 | 0 | 0 |
| 历史学 | 20305 | 20305 | 0 | 0 |
| 经济学 | 143663 | 138661 | 786 | 4216 |
| 政治学 | 50322 | 42407 | 0 | 7915 |
| 法学 | 18040 | 18040 | 0 | 0 |
| 社会学 | 256566 | 200564 | 0 | 56002 |
| 新闻学与传播学 | 22688 | 22688 | 0 | 0 |
| 图书馆、情报与文献学 | 20036 | 20036 | 0 | 0 |
| 教育学 | 134079 | 131482 | 0 | 2597 |
| 统计学 | 2531 | 2531 | 0 | 0 |
| 按所在地分 | | | | |
| 黄浦区 | 419229 | 359314 | 0 | 59915 |
| 徐汇区 | 309736 | 294333 | 786 | 14617 |
| 静安区 | 0 | 0 | 0 | 0 |
| 闵行区 | 0 | 0 | 0 | 0 |

# 2－23 社会人文科学研究与技术开发机构科技活动经费支出情况

（2017 年）

| | 科技活动经费内部支出（千元） | 人员劳务费 | 设备购置费 | 其他日常支出 |
|---|---|---|---|---|
| 总计 | 653647 | 304381 | 12997 | 336269 |
| 按隶属关系分 | | | | |
| 地方县以上属 | 646229 | 300704 | 12992 | 332533 |
| 中央部门属 | 7418 | 3677 | 5 | 3736 |
| 按学科领域分 | | | | |
| 管理学 | 4160 | 4150 | 0 | 10 |
| 哲学 | 13483 | 7435 | 126 | 5922 |
| 宗教学 | 5543 | 3467 | 0 | 2076 |
| 文学 | 20426 | 10063 | 116 | 10247 |
| 艺术学 | 13321 | 4979 | 53 | 8289 |
| 历史学 | 20305 | 13752 | 26 | 6527 |
| 经济学 | 138661 | 85244 | 1338 | 52079 |
| 政治学 | 42407 | 25596 | 235 | 16576 |
| 法学 | 18040 | 10823 | 6943 | 274 |
| 社会学 | 200564 | 67026 | 3370 | 130168 |
| 新闻学与传播学 | 22688 | 10377 | 128 | 12183 |
| 图书馆、情报与文献学 | 20036 | 8797 | 247 | 10992 |
| 教育学 | 131482 | 52180 | 415 | 78887 |
| 统计学 | 2531 | 492 | 0 | 2039 |
| 按所在地分 | | | | |
| 黄浦区 | 359314 | 157970 | 11471 | 189873 |
| 徐汇区 | 294333 | 146411 | 1526 | 146396 |
| 静安区 | 0 | 0 | 0 | 0 |
| 闵行区 | 0 | 0 | 0 | 0 |

## 2－24　社会人文科学研究与技术开发机构其他支出情况

**（2017 年）**

| | 经营活动支出（千元） | #经营税金 | 其他活动支出（千元） | 本年外部支出总额（千元） | #科技活动经费外部支出 |
|---|---|---|---|---|---|
| 总计 | 786 | 0 | 74532 | 4824 | 4824 |
| 按隶属关系分 | | | | | |
| 地方县以上属 | 786 | 0 | 74172 | 4824 | 4824 |
| 中央部门属 | 0 | 0 | 360 | 0 | 0 |
| 按学科领域分 | | | | | |
| 管理学 | 0 | 0 | 3802 | 0 | 0 |
| 哲学 | 0 | 0 | 0 | 0 | 0 |
| 宗教学 | 0 | 0 | 0 | 0 | 0 |
| 文学 | 0 | 0 | 0 | 0 | 0 |
| 艺术学 | 0 | 0 | 0 | 0 | 0 |
| 历史学 | 0 | 0 | 0 | 0 | 0 |
| 经济学 | 786 | 0 | 4216 | 1316 | 1316 |
| 政治学 | 0 | 0 | 7915 | 0 | 0 |
| 法学 | 0 | 0 | 0 | 0 | 0 |
| 社会学 | 0 | 0 | 56002 | 3508 | 3508 |
| 新闻学与传播学 | 0 | 0 | 0 | 0 | 0 |
| 图书馆、情报与文献学 | 0 | 0 | 0 | 0 | 0 |
| 教育学 | 0 | 0 | 2597 | 0 | 0 |
| 统计学 | 0 | 0 | 0 | 0 | 0 |
| 按所在地分 | | | | | |
| 黄浦区 | 0 | 0 | 59915 | 4824 | 4824 |
| 徐汇区 | 786 | 0 | 14617 | 0 | 0 |
| 静安区 | 0 | 0 | 0 | 0 | 0 |
| 闵行区 | 0 | 0 | 0 | 0 | 0 |

## 2－25 社会人文科学研究与技术开发机构基建情况

**（2017 年）**

| | 基本建设投资实际完成额（千元） | #科研基建 | #科研仪器设备 | #科研土建工程 | #政府资金 |
|---|---|---|---|---|---|
| 总计 | 1566 | 1566 | 1566 | 0 | 1566 |
| 按隶属关系分 | | | | | |
| 地方县以上属 | 1566 | 1566 | 1566 | 0 | 1566 |
| 中央部门属 | 0 | 0 | 0 | 0 | 0 |
| 按学科领域分 | | | | | |
| 管理学 | 0 | 0 | 0 | 0 | 0 |
| 哲学 | 0 | 0 | 0 | 0 | 0 |
| 宗教学 | 0 | 0 | 0 | 0 | 0 |
| 文学 | 0 | 0 | 0 | 0 | 0 |
| 艺术学 | 0 | 0 | 0 | 0 | 0 |
| 历史学 | 0 | 0 | 0 | 0 | 0 |
| 经济学 | 1566 | 1566 | 1566 | 0 | 1566 |
| 政治学 | 0 | 0 | 0 | 0 | 0 |
| 法学 | 0 | 0 | 0 | 0 | 0 |
| 社会学 | 0 | 0 | 0 | 0 | 0 |
| 新闻学与传播学 | 0 | 0 | 0 | 0 | 0 |
| 图书馆、情报与文献学 | 0 | 0 | 0 | 0 | 0 |
| 教育学 | 0 | 0 | 0 | 0 | 0 |
| 统计学 | 0 | 0 | 0 | 0 | 0 |
| 按所在地分 | | | | | |
| 黄浦区 | 1323 | 1323 | 1323 | 0 | 1323 |
| 徐汇区 | 243 | 243 | 243 | 0 | 243 |
| 静安区 | 0 | 0 | 0 | 0 | 0 |
| 闵行区 | 0 | 0 | 0 | 0 | 0 |

## 2－26　社会人文科学研究与技术开发机构固定资产情况

**（2017 年）**

|  | 年末固定资产原价（千元） | #科研房屋建筑物 | #科研仪器设备 | #进口 |
|---|---|---|---|---|
| 总计 | 484009 | 316274 | 29830 | 0 |
| 按隶属关系分 |  |  |  |  |
| 地方县以上属 | 482994 | 316274 | 29542 | 0 |
| 中央部门属 | 1015 | 0 | 288 | 0 |
| 按学科领域分 |  |  |  |  |
| 管理学 | 0 | 0 | 0 | 0 |
| 哲学 | 890 | 0 | 0 | 0 |
| 宗教学 | 0 | 0 | 0 | 0 |
| 文学 | 0 | 0 | 0 | 0 |
| 艺术学 | 2907 | 0 | 0 | 0 |
| 历史学 | 216 | 0 | 0 | 0 |
| 经济学 | 53923 | 28185 | 15729 | 0 |
| 政治学 | 12139 | 0 | 1271 | 0 |
| 法学 | 2110 | 0 | 0 | 0 |
| 社会学 | 389042 | 288089 | 0 | 0 |
| 新闻学与传播学 | 963 | 0 | 475 | 0 |
| 图书馆、情报与文献学 | 869 | 0 | 0 | 0 |
| 教育学 | 20950 | 0 | 12355 | 0 |
| 统计学 | 0 | 0 | 0 | 0 |
| 按所在地分 |  |  |  |  |
| 黄浦区 | 437154 | 316274 | 7808 | 0 |
| 徐汇区 | 46855 | 0 | 22022 | 0 |
| 静安区 | 0 | 0 | 0 | 0 |
| 闵行区 | 0 | 0 | 0 | 0 |

# 2－27　社会人文科学研究与技术开发机构论文与专利情况

（2017年）

| | 发表科技论文（篇） | #国外发表 | 出版科技著作（种） | 专利申请受理数（件） | 专利授权数（件） |
|---|---|---|---|---|---|
| 总计 | 704 | 31 | 108 | 0 | 0 |
| 按隶属关系分 | | | | | |
| 地方县以上属 | 704 | 31 | 108 | 0 | 0 |
| 中央部门属 | 0 | 0 | 0 | 0 | 0 |
| 按学科领域分 | | | | | |
| 管理学 | 0 | 0 | 0 | 0 | 0 |
| 哲学 | 0 | 0 | 0 | 0 | 0 |
| 宗教学 | 20 | 1 | 2 | 0 | 0 |
| 文学 | 124 | 6 | 12 | 0 | 0 |
| 艺术学 | 0 | 0 | 0 | 0 | 0 |
| 历史学 | 110 | 3 | 13 | 0 | 0 |
| 经济学 | 236 | 14 | 20 | 0 | 0 |
| 政治学 | 0 | 0 | 0 | 0 | 0 |
| 法学 | 68 | 3 | 10 | 0 | 0 |
| 社会学 | 61 | 4 | 5 | 0 | 0 |
| 新闻学与传播学 | 0 | 0 | 0 | 0 | 0 |
| 图书馆、情报与文献学 | 0 | 0 | 0 | 0 | 0 |
| 教育学 | 85 | 0 | 46 | 0 | 0 |
| 统计学 | 0 | 0 | 0 | 0 | 0 |
| 按所在地分 | | | | | |
| 黄浦区 | 367 | 22 | 36 | 0 | 0 |
| 徐汇区 | 337 | 9 | 72 | 0 | 0 |
| 静安区 | 0 | 0 | 0 | 0 | 0 |
| 闵行区 | 0 | 0 | 0 | 0 | 0 |

# 2－28 社会人文科学研究与技术开发机构课题情况

**（2017 年）**

| | 课题数合计（项） | 投入人力（人年） | #研究人员 | 经费内部支出（千元） | #政府资金 |
|---|---|---|---|---|---|
| 总计 | 821 | 1059.0 | 923.4 | 428446 | 308463 |
| 按隶属关系分 | | | | | |
| 地方县以上属 | 814 | 1046.2 | 914.0 | 425306 | 305323 |
| 中央部门属 | 7 | 12.8 | 9.4 | 3140 | 3140 |
| 按课题来源分 | | | | | |
| 国家科技项目 | 188 | 327.0 | 249.7 | 211103 | 193009 |
| 地方科技项目 | 474 | 593.8 | 560.8 | 185412 | 101532 |
| 企业委托科技项目 | 33 | 22.9 | 21.8 | 5113 | 1028 |
| 自选科技项目 | 61 | 62.2 | 42.0 | 17494 | 6427 |
| 国际合作科技项目 | 7 | 4.6 | 4.1 | 1521 | 250 |
| 其他科技项目 | 58 | 48.5 | 45.0 | 7804 | 6217 |
| 按课题类型分 | | | | | |
| 基础研究 | 28 | 100.0 | 94.4 | 101666 | 92535 |
| 应用研究 | 580 | 719.7 | 623.3 | 260989 | 153864 |
| 试验发展 | 9 | 15.1 | 15.1 | 3160 | 3160 |
| 研究与试验发展成果应用 | 1 | 1.0 | 1.0 | 30 | 30 |
| 科技服务 | 203 | 223.2 | 189.6 | 62601 | 58874 |
| 按学科领域分 | | | | | |
| 自然科学 | 3 | 6.0 | 6.0 | 7031 | 7001 |
| 医学科学 | 1 | 5.0 | 5.0 | 1160 | 1160 |
| 工程科学与技术 | 15 | 19.1 | 19.0 | 8872 | 3361 |
| 社会人文科学 | 802 | 1028.9 | 893.4 | 411383 | 296941 |
| 按技术领域分 | | | | | |
| 能源技术 | 0 | 0 | 0 | 0 | 0 |
| 资源与环境技术 | 0 | 0 | 0 | 0 | 0 |
| 其他技术领域 | 812 | 1037.0 | 901.4 | 417746 | 299563 |
| 非技术领域 | 9 | 22.0 | 22.0 | 10700 | 8900 |
| 按社会经济目标分 | | | | | |
| 环境保护、生态建设及污染防治 | 12 | 14.2 | 13.2 | 2373 | 2373 |
| 能源生产、分配和合理利用 | 3 | 3.6 | 3.5 | 2080 | 1600 |
| 卫生事业的发展 | 3 | 6.8 | 6.8 | 1340 | 1340 |
| 教育事业发展 | 226 | 158.6 | 147.3 | 23959 | 21749 |
| 基础设施以及城市和农村规划 | 8 | 6.8 | 6.7 | 7043 | 7005 |
| 社会发展和社会服务 | 350 | 614.3 | 530.1 | 318459 | 215996 |
| 促进农林牧渔业发展 | 0 | 0 | 0 | 0 | 0 |
| 工商业发展 | 105 | 102.7 | 97.2 | 23816 | 23345 |
| 非定向研究 | 108 | 147.9 | 115.1 | 48527 | 34306 |
| 其他民用目标 | 6 | 4.1 | 3.5 | 850 | 750 |
| 按合作形式分 | | | | | |
| 与境外机构合作 | 2 | 4.1 | 3.5 | 1132 | 230 |
| 与国内高校合作 | 14 | 26.0 | 25.2 | 1284 | 1274 |
| 与国内独立研究机构合作 | 8 | 22.4 | 9.6 | 4831 | 4807 |
| 与境内注册的其他企业合作 | 13 | 11.5 | 11.5 | 1615 | 1360 |
| 独立研究 | 712 | 938.1 | 820.9 | 410979 | 292478 |
| 其他 | 72 | 56.9 | 52.7 | 8605 | 8314 |

2018

SHANGHAI
STATISTICAL YEARBOOK
ON SCIENCE
AND TECHNOLOGY

上海科技统计年鉴

# 三 普通高等学校

# 3－1 普通高校(理工农医)科技活动人员情况

**(2017年)**

| | 科技活动人员(人) | 教师技术职务人员(人) | | | | | |
|---|---|---|---|---|---|---|---|
| | | | 教授 | 副教授 | 讲师 | 助教 | 其他 |
| 总计 | 56807 | 20202 | 5156 | 6773 | 6522 | 1438 | 313 |
| 按隶属关系分 | | | | | | | |
| 部属 | 38690 | 10741 | 3640 | 3895 | 2525 | 589 | 92 |
| 地方 | 18117 | 9461 | 1516 | 2878 | 3997 | 849 | 221 |
| 按学科领域分 | | | | | | | |
| 自然科学 | 6555 | 4659 | 1531 | 1746 | 1188 | 98 | 96 |
| 工程与技术 | 16780 | 10779 | 2623 | 3781 | 3678 | 516 | 181 |
| 医学科学 | 30220 | 3359 | 826 | 902 | 999 | 623 | 9 |
| 农业科学 | 475 | 350 | 90 | 115 | 112 | 28 | 5 |
| 其他科学 | 2777 | 1055 | 86 | 229 | 545 | 173 | 22 |

3－1 续表

| | 其他技术职务人员(人) | | | | | |
|---|---|---|---|---|---|---|
| | | 高级 | 中级 | 初级 | 其他 | 辅助人员 |
| 总计 | 36605 | 8179 | 14843 | 11603 | 1460 | 520 |
| 按隶属关系分 | | | | | | |
| 部属 | 27949 | 6757 | 10464 | 9343 | 1027 | 358 |
| 地方 | 8656 | 1422 | 4379 | 2260 | 433 | 162 |
| 按学科领域分 | | | | | | |
| 自然科学 | 1896 | 650 | 968 | 195 | 79 | 4 |
| 工程与技术 | 6001 | 1445 | 3005 | 985 | 478 | 88 |
| 医学科学 | 26861 | 5850 | 9980 | 9939 | 705 | 387 |
| 农业科学 | 125 | 37 | 47 | 34 | 5 | 2 |
| 其他科学 | 1722 | 197 | 843 | 450 | 193 | 39 |

## 3－2　普通高校(理工农医)科技活动经费收入情况

**(2017 年)**

| | 当年拨入经费(千元) | 科研事业费 | 主管部门专项费 | 中央部门专项费 | 国家自然科学基金项目费 | 地方专项费 |
|---|---|---|---|---|---|---|
| 总计 | 15972190 | 635901 | 3551954 | 2245597 | 2063683 | 2450356 |
| 按隶属关系分 | | | | | | |
| 部属 | 12945882 | 493970 | 2899728 | 2098295 | 1777006 | 2117224 |
| 地方 | 3026308 | 141931 | 652226 | 147302 | 286677 | 333132 |

3－2　续表

| | 企事业单位委托经费 | 当年学校科技活动经费 | 金融机构贷款 | 国外资金 | 其他资金 |
|---|---|---|---|---|---|
| 总计 | 4530683 | 422451 | 0 | 59671 | 11894 |
| 按隶属关系分 | | | | | |
| 部属 | 3333460 | 171236 | 0 | 50393 | 4570 |
| 地方 | 1197223 | 251215 | 0 | 9278 | 7324 |

## 3－3　普通高校(理工农医)科技活动经费支出情况

**(2017 年)**

| | 当年经费支出(千元) | #R&D经费 | 内部支出 | 人员劳务费 | 业务费 | 固定资产购置费 |
|---|---|---|---|---|---|---|
| 总计 | 14655877 | 9657812 | 13398812 | 3117383 | 7440226 | 2159692 |
| 按隶属关系分 | | | | | | |
| 部属 | 11967054 | 7801050 | 10834915 | 2579823 | 5971485 | 1712460 |
| 地方 | 2688823 | 1856762 | 2563897 | 537560 | 1468741 | 447232 |

3－3　续表

| | 上缴税金 | 管理费 | 其他支出 | 外部支出 | 当年科研基建支出(千元) |
|---|---|---|---|---|---|
| 总计 | 110446 | 515577 | 55488 | 1257065 | 947412 |
| 按隶属关系分 | | | | | |
| 部属 | 88618 | 440011 | 42518 | 1132139 | 636232 |
| 地方 | 21828 | 75566 | 12970 | 124926 | 311180 |

# 3－4 普通高校(理工农医)课题情况

**(2017 年)**

| | 课题数(项) | 当年投入人力(人年) | #高、中级职务人员 | 参与项目研究生数(人) | 当年支出经费(千元) |
|---|---|---|---|---|---|
| 总计 | 38767 | 22492.0 | 18266.8 | 50187 | 8023810 |
| 按隶属关系分 | | | | | |
| 部属 | 27541 | 15175.5 | 12063.1 | 38702 | 6324227 |
| 地方 | 11226 | 7316.5 | 6203.7 | 11485 | 1699583 |
| 按学科领域分 | | | | | |
| 自然科学 | 6335 | 2795.9 | 2561.8 | 9555 | 1477579 |
| 工程与技术 | 18935 | 9107.1 | 8320.3 | 26044 | 4925269 |
| 医学科学 | 12642 | 10201.7 | 7047.8 | 13300 | 1529783 |
| 农业科学 | 855 | 387.3 | 336.9 | 1288 | 91179 |
| 按课题活动类型分 | | | | | |
| 基础研究 | 15820 | 9968.3 | 7789.6 | 21850 | 2829391 |
| 应用研究 | 14659 | 9027.4 | 7330.1 | 19996 | 3190572 |
| 试验发展 | 2718 | 1067.8 | 938.3 | 2367 | 519617 |
| 研究与试验发展成果应用 | 3327 | 1465.5 | 1313.6 | 2963 | 948780 |
| 其他科技服务 | 2243 | 963.0 | 895.2 | 3011 | 535450 |
| 按课题来源分 | | | | | |
| 国家计委、科委 | 1362 | 1386.9 | 1203.3 | 3951 | 882317 |
| 国家自然科学基金 | 10316 | 5976.0 | 4597.3 | 12367 | 1562831 |
| 主管部门 | 2487 | 1832.3 | 1350.6 | 3608 | 310164 |
| 国务院其他部门 | 1143 | 930.3 | 829.6 | 2682 | 615959 |
| 省、市、自治区 | 6881 | 4663.0 | 3545.2 | 8840 | 879201 |
| 地市厅局(含县) | 1261 | 585.6 | 415.5 | 959 | 89035 |
| 企事业单位委托 | 14329 | 6471.1 | 5795.0 | 16766 | 3595279 |
| 国际合作 | 191 | 162.2 | 152.3 | 187 | 41245 |
| 自选 | 769 | 462.0 | 357.2 | 793 | 46776 |
| 其他 | 28 | 22.6 | 20.8 | 34 | 1003 |

## 3-5 普通高校(理工农医)论文、著作情况

(2017年)

| | 发表学术论文(篇) | #国外发表 | 三大检索收录论文数(篇) | SCI | EI | ISTP | 出版科技著作(部) | #国(境)外出版 |
|---|---|---|---|---|---|---|---|---|
| 总计 | 67020 | 36579 | 45955 | 27760 | 13719 | 4476 | 271 | 54 |
| 按隶属关系分 | | | | | | | | |
| 部属 | 52256 | 29850 | 37232 | 23266 | 10433 | 3533 | 156 | 41 |
| 地方 | 14764 | 6729 | 8723 | 4494 | 3286 | 943 | 115 | 13 |
| 按学科领域分 | | | | | | | | |
| 自然科学 | 15025 | 11073 | 13363 | 8266 | 4207 | 890 | 59 | 23 |
| 工程与技术 | 22061 | 11725 | 19059 | 7478 | 8757 | 2824 | 97 | 24 |
| 医学科学 | 28255 | 13187 | 12778 | 11416 | 621 | 741 | 107 | 6 |
| 农业科学 | 1679 | 594 | 755 | 600 | 134 | 21 | 8 | 1 |

## 3-6 普通高校(理工农医)科技成果获奖情况

(2017年)

| | 获奖成果数*(项) | 国家级奖 | 最高科学技术 | 自然科学 | 技术发明 | 科技进步 | 省部级奖 | 其他 |
|---|---|---|---|---|---|---|---|---|
| 总计 | 279 | 25 | 0 | 3 | 3 | 19 | 188 | 66 |
| 按隶属关系分 | | | | | | | | |
| 部属 | 211 | 21 | 0 | 2 | 2 | 17 | 155 | 35 |
| 地方 | 68 | 4 | 0 | 1 | 1 | 2 | 33 | 31 |
| 按学科领域分 | | | | | | | | |
| 自然科学 | 23 | 4 | 0 | 2 | 1 | 1 | 13 | 6 |
| 工程与技术 | 148 | 16 | 0 | 1 | 2 | 13 | 95 | 37 |
| 医学科学 | 97 | 5 | 0 | 0 | 0 | 5 | 72 | 20 |
| 农业科学 | 11 | 0 | 0 | 0 | 0 | 0 | 8 | 3 |
| 其他 | 0 | 0 | 0 | 0 | 0 | 0 | 0 | 0 |

* 由两个以上单位合作获奖的成果系各有关学校均填报;多次获奖的成果按所获最高级别奖只填一次。

## 3－7　普通高校(理工农医)技术转让情况

(2017 年)

| | 合同数(项) | 合同金额(千元) | 当年实际收入(千元) |
|---|---|---|---|
| 总计 | 407 | 296344 | 119052 |
| #专利出售 | 381 | 288701 | 117468 |
| #其他知识产权出售 | 23 | 6933 | 874 |
| 按隶属关系分 | | | |
| 部属 | 325 | 259320 | 109882 |
| 地方 | 82 | 37024 | 9170 |
| 按技术转让受让方类型分 | | | |
| 国有企业 | 65 | 65525 | 25195 |
| 外资企业 | 3 | 3050 | 1300 |
| 民营企业 | 299 | 219989 | 90227 |
| 其他 | 40 | 7780 | 2330 |

## 3－8　普通高校(理工农医)知识产权情况

(2017 年)

| | 专利申请数(项) | 发明专利 | 实用新型 | 外观设计 | 专利授权数(项) | 发明专利 | 实用新型 |
|---|---|---|---|---|---|---|---|
| 合计 | 10240 | 8558 | 1557 | 125 | 6179 | 4736 | 1397 |
| #国外 | 114 | — | — | — | 39 | — | — |
| 按隶属关系分 | | | | | | | |
| 部属 | 6175 | 5400 | 719 | 56 | 3842 | 3188 | 625 |
| 地方 | 4065 | 3158 | 838 | 69 | 2337 | 1548 | 772 |

3－8　续表

| | 外观设计 | 其他知识产权授权数(项) | 专利拥有数(项) | 发明专利 | 实用新型 | 外观设计 | 其他知识产权拥有数(项) |
|---|---|---|---|---|---|---|---|
| 合计 | 46 | 561 | 30269 | 21508 | 8259 | 502 | 3768 |
| #国外 | — | — | — | — | — | — | 193 |
| 按隶属关系分 | | | | | | | |
| 部属 | 29 | 341 | 18109 | 14896 | 3127 | 86 | 2300 |
| 地方 | 17 | 220 | 12160 | 6612 | 5132 | 416 | 1468 |

## 3-9 普通高校(理工农医)科技交流情况

**(2017年)**

| | 合作研究 | | 国际学术会议 | | | |
|---|---|---|---|---|---|---|
| | 派遣（人次） | 接受（人） | 出席人员（人次） | 交流论文（篇） | 特邀报告（篇） | 主办会议（次） |
| 合计 | 4565 | 5191 | 26780 | 9537 | 2563 | 312 |
| 按隶属关系分 | | | | | | |
| 部属 | 3947 | 4490 | 22632 | 7740 | 2196 | 271 |
| 国(境)外 | 1871 | 1094 | 7585 | 3736 | 1007 | 3 |
| 国(境)内 | 2076 | 3396 | 15047 | 4004 | 1189 | 268 |
| 地方 | 618 | 701 | 4148 | 1797 | 367 | 41 |
| 国(境)外 | 230 | 245 | 955 | 527 | 117 | 0 |
| 国(境)内 | 388 | 456 | 3193 | 1270 | 250 | 41 |

## 3-10 普通高校(理工农医)科技活动机构情况

**(2017年)**

| | 机构数（个） | 从业人员（人） | 科技活动人员（人年） | #高级 | #中级 | 培养研究生（人） |
|---|---|---|---|---|---|---|
| 总计 | 321 | 12425 | 9144.6 | 5376.2 | 2504.7 | 25260 |
| 按隶属关系分 | | | | | | |
| 部属 | 250 | 9681 | 6918.4 | 4091.7 | 1804.9 | 21139 |
| 地方 | 71 | 2744 | 2226.2 | 1284.5 | 699.8 | 4121 |
| 按机构类型分 | | | | | | |
| R&D 机构 | 300 | 11923 | 8700.6 | 5156.2 | 2361.2 | 24878 |
| 其他机构 | 21 | 502 | 444.0 | 220.0 | 143.5 | 382 |
| 按机构类别分 | | | | | | |
| 国家级机构 | 44 | 2629 | 1688.0 | 1113.1 | 419.5 | 6553 |
| 省部级机构 | 211 | 7668 | 6181.1 | 3679.0 | 1671.0 | 17574 |
| 其他主管部门 | 66 | 2128 | 1275.5 | 584.1 | 414.2 | 1133 |



2018 上海科技统计年鉴

| | 当年内部经费支出（千元） | #R&D 支出 | 承担课题（项） | 年末固定资产原值（千元） | #仪器设备 |
|---|---|---|---|---|---|
| 总计 | 3203040 | 2506514 | 14033 | 9840566 | 7048727 |
| 按隶属关系分 | | | | | |
| 部属 | 2756974 | 2170301 | 11678 | 8170645 | 5637941 |
| 地方 | 446066 | 336213 | 2355 | 1669921 | 1410786 |
| 按机构类型分 | | | | | |
| R&D 机构 | 3098860 | 2437593 | 13531 | 9597619 | 6879367 |
| 其他机构 | 104180 | 68921 | 502 | 242947 | 169360 |
| 按机构类别分 | | | | | |
| 国家级机构 | 956931 | 793279 | 3987 | 3232778 | 2170004 |
| 省部级机构 | 2045101 | 1580997 | 9103 | 5705950 | 4086106 |
| 其他主管部门 | 201008 | 132238 | 943 | 901838 | 792617 |

# 3－11 普通高校（人文社科）人员情况

**（2017 年）**

| | 科研活动人员（人） | R&D 人员（人） | 全时人数 | 非全时人数 | R&D 全时人员（人年） | 全时人数 | 非全时折合全时人数 |
|---|---|---|---|---|---|---|---|
| 总计 | 23072 | 16102 | 887 | 15215 | 4561.1 | 887.0 | 3674.1 |
| 按隶属关系分 | | | | | | | |
| 部属 | 7994 | 8293 | 748 | 7545 | 2622.5 | 748.0 | 1874.5 |
| 地方 | 15078 | 7809 | 139 | 7670 | 1938.6 | 139.0 | 1799.6 |
| 按职称分 | | | | | | | |
| 教授 | 3108 | 3534 | 394 | 3140 | 1255.0 | 394.0 | 861.0 |
| 副教授 | 6625 | 4154 | 325 | 3829 | 1294.4 | 325.0 | 969.4 |
| 讲师 | 10620 | 4552 | 168 | 4384 | 1155.6 | 168.0 | 987.6 |
| 助教 | 1919 | 669 | 0 | 669 | 167.7 | 0 | 167.7 |
| 初级 | 796 | 252 | 0 | 252 | 53.6 | 0 | 53.6 |
| 其他 | 4 | 138 | 0 | 138 | 27.8 | 0 | 27.8 |
| 研究生（学生） | 2803 | 2803 | 0 | 2803 | 607.0 | 0 | 607.0 |
| 按学历分 | | | | | | | |
| 研究生 | 18494 | 12707 | 759 | 11948 | 3786.0 | 759.0 | 3027.0 |
| 大学本科 | 4303 | 3280 | 126 | 3154 | 746.3 | 126.0 | 620.3 |
| 其他 | 275 | 115 | 2 | 113 | 28.8 | 2.0 | 26.8 |

注：科研活动人员总计中不含研究生（学生）数。

## 3－12　普通高校(人文社科)R&D经费收入情况

**(2017年)**

| | 当年经费收入(千元) | 政府资金投入 | 中央部门专项经费 | 地方专项经费 | 科研人员工资 | 科研基建费 |
|---|---|---|---|---|---|---|
| 总计 | 1647037 | 1089690 | 397463 | 57389 | 118398 | 0 |
| 按隶属关系分 | | | | | | |
| 部属 | 1068385 | 707730 | 316534 | 329200 | 61997 | 0 |
| 地方 | 578652 | 381960 | 80929 | 244629 | 56401 | 0 |

3－12　续表

| | 非政府资金投入 | 企事业单位委托项目经费 | 金融机构贷款 | 自筹经费 | 国外资金 | 其他收入 |
|---|---|---|---|---|---|---|
| 总计 | 557347 | 339493 | 85 | 140033 | 1453 | 76283 |
| 按隶属关系分 | | | | | | |
| 部属 | 360654 | 230940 | 0 | 53658 | 1330 | 74726 |
| 地方 | 196693 | 108553 | 85 | 86375 | 123 | 1557 |

## 3－13　普通高校(人文社科)R&D经费支出情况

**(2017年)**

| | 当年经费支出合计(千元) | 内部支出 | 科研人员费 | 业务费 | 科研基建费 |
|---|---|---|---|---|---|
| 总计 | 1477468 | 1468108 | 198175 | 1003230 | 0 |
| 按隶属关系分 | | | | | |
| 部属 | 926024 | 918961 | 112023 | 659292 | 0 |
| 地方 | 551444 | 549147 | 86152 | 343938 | 0 |

| | 仪器设备费 | 图书资料费 | 间接费 | 其他支出 | 外部支出 |
|---|---|---|---|---|---|
| 总计 | 67352 | 106732 | 45938 | 46682 | 9360 |
| 按隶属关系分 | | | | | |
| 部属 | 28424 | 57009 | 30001 | 32213 | 7063 |
| 地方 | 38928 | 49723 | 15937 | 14469 | 2297 |

## 3－14　普通高校(人文社科)论文、著作与科技成果获奖情况

**(2017年)**

| | 发表论文(篇) | 国外学术刊物 | 国内学术刊物 | 港澳台刊物 |
|---|---|---|---|---|
| 总计 | 17366 | 1621 | 15677 | 68 |
| 按隶属关系分 | | | | |
| 部属 | 9123 | 985 | 8089 | 49 |
| 地方 | 8243 | 636 | 7588 | 19 |

3－14　续表

| | 出版专著(部) | #译成外文 | 获奖成果数*(项) | 国家级奖 | 部级奖 | 省级奖 |
|---|---|---|---|---|---|---|
| 总计 | 1087 | 54 | 55 | 0 | 16 | 39 |
| 按隶属关系分 | | | | | | |
| 部属 | 614 | 34 | 43 | 0 | 16 | 27 |
| 地方 | 473 | 20 | 12 | 0 | 0 | 12 |

* 由两个以上单位合作获奖的成果系各有关学校均填报;多次获奖的成果按所获最高级别奖只填一次。

# 3－15 普通高校(人文社科)R&D 课题情况

**(2017 年)**

| | 课题数(项) | 当年投入人力(人年) | #研究生 | 当年拨入经费(千元) | 当年支出经费(千元) |
|---|---|---|---|---|---|
| 总计 | 23477 | 4547.3 | 607.0 | 809616 | 636174 |
| 按隶属关系分 | | | | | |
| 部属 | 12416 | 2611.6 | 502.7 | 560097 | 426284 |
| 地方 | 11061 | 1935.7 | 104.3 | 249519 | 209890 |
| 按课题活动类型分 | | | | | |
| 基础研究 | 14313 | 2814.8 | 311.5 | 495296 | 379261 |
| 应用研究 | 9155 | 1730.4 | 295.5 | 314058 | 256747 |
| 实验与发展 | 9 | 2.1 | 0 | 262 | 166 |
| 按课题来源分 | | | | | |
| 国家社科规划项目 | 2227 | 525.9 | 73.3 | 117836 | 98377 |
| 国家社科基金单列学科项目 | 196 | 47.5 | 8.8 | 13145 | 8223 |
| 教育部人文、社科规划项目 | 1953 | 385.8 | 51.3 | 36851 | 29578 |
| 高校古籍整理研究项目 | 64 | 7.8 | 0.9 | 540 | 1072 |
| 国家自然科学基金项目 | 503 | 147.4 | 49.5 | 33792 | 28601 |
| 中央其他部门社科专门项目 | 749 | 168.9 | 20.6 | 27261 | 25688 |
| 省、市、自治区社科项目 | 1911 | 277.9 | 39.2 | 26571 | 24615 |
| 省教育厅社科项目 | 2290 | 408.0 | 34.3 | 78978 | 46639 |
| 地、市、厅、局等政府部门项目 | 3136 | 773.1 | 77.0 | 98850 | 77226 |
| 国际合作研究项目 | 38 | 5.9 | 0.6 | 1183 | 1206 |
| 与港、澳、台地区合作研究项目 | 11 | 0.6 | 0.1 | 270 | 95 |
| 企、事业单位委托项目 | 6528 | 1031.4 | 173.8 | 339493 | 270872 |
| 学校社科项目 | 3822 | 758.1 | 76.7 | 34014 | 22678 |
| 外资项目 | 4 | 0.6 | 0 | 0 | 0 |
| 其他项目 | 45 | 8.4 | 0.9 | 833 | 1304 |

# 3-16　普通高校(人文社科)科技交流情况

**(2017年)**

| | 校办学术会议(次) | | 学术会议 | | 受聘讲学 | |
|---|---|---|---|---|---|---|
| | 本校独办数 | 与外单位合办数 | 参加人次(人次) | 提交论文(篇) | 派出人次(人次) | 来校人次(人次) |
| 合计 | 1225 | 545 | 11989 | 5878 | 2826 | 3784 |
| 按隶属关系分 | | | | | | |
| 部属 | 926 | 413 | 8334 | 3733 | 1778 | 2359 |
| 国际学术交流 | 241 | 140 | 1736 | 1231 | 471 | 1013 |
| 国内学术交流 | 645 | 256 | 6165 | 2319 | 1181 | 1165 |
| 与港、澳、台地区交流 | 40 | 17 | 433 | 183 | 126 | 181 |
| 地方 | 299 | 132 | 3655 | 2145 | 1048 | 1425 |
| 国际学术交流 | 84 | 28 | 796 | 475 | 148 | 565 |
| 国内学术交流 | 205 | 99 | 2741 | 1623 | 866 | 816 |
| 与港、澳、台地区交流 | 10 | 5 | 118 | 47 | 34 | 44 |

3-16　续表

| | 社科考察 | | 进修学习 | | 合作研究 | | |
|---|---|---|---|---|---|---|---|
| | 派出人次(人次) | 来校人次(人次) | 派出人次(人次) | 来校人次(人次) | 派出人次(人次) | 来校人次(人次) | 课题数(项) |
| 合计 | 3841 | 6136 | 2472 | 2589 | 1012 | 869 | 477 |
| 按隶属关系分 | | | | | | | |
| 部属 | 2773 | 5174 | 1268 | 1931 | 793 | 690 | 363 |
| 国际学术交流 | 939 | 955 | 502 | 626 | 268 | 203 | 60 |
| 国内学术交流 | 1646 | 3999 | 630 | 1131 | 400 | 348 | 300 |
| 与港、澳、台地区交流 | 188 | 220 | 136 | 174 | 125 | 139 | 3 |
| 地方 | 1068 | 962 | 1204 | 658 | 219 | 179 | 114 |
| 国际学术交流 | 279 | 272 | 409 | 222 | 77 | 62 | 18 |
| 国内学术交流 | 712 | 616 | 727 | 317 | 125 | 105 | 91 |
| 与港、澳、台地区交流 | 77 | 74 | 68 | 119 | 17 | 12 | 5 |

## 3－17　普通高校(人文社科)科学研究机构情况

**(2017年)**

| | 机构数（个） | R&D活动人员（人） | #博士毕业 | #硕士毕业 | R&D经费支出（千元） | 仪器设备原价（千元） | #进口 |
|---|---|---|---|---|---|---|---|
| 总计 | 358 | 8874 | 6386 | 1736 | 377976 | 109861 | 1790 |
| 按隶属关系分 | | | | | | | |
| 部属 | 215 | 6458 | 4934 | 1044 | 264901 | 83945 | 1790 |
| 地方 | 143 | 2416 | 1452 | 692 | 113075 | 25916 | 0 |

2018

SHANGHAI STATISTICAL YEARBOOK ON SCIENCE AND TECHNOLOGY

上海科技统计年鉴



# 四 规模以上工业企业

# 4－1　规模以上工业企业基本概况

**（2017 年）**

| | 平均用工人数（人） | 主营业务收入（千元） | 工业总产值（千元） |
|---|---|---|---|
| 总计 | 2064764 | 3791050135 | 3413526399 |
| 按登记注册类型分 | | | |
| 内资企业 | 908819 | 1494077448 | 1317631421 |
| 国有企业 | 6967 | 4848543 | 4099360 |
| 有限责任公司 | 315118 | 730152091 | 660784877 |
| 股份有限公司 | 96008 | 319997531 | 238845525 |
| 其他企业 | 490726 | 439079283 | 413901659 |
| 港、澳、台商投资企业 | 305459 | 510199706 | 474518249 |
| 外商投资企业 | 850486 | 1786772981 | 1621376729 |
| 按隶属关系分 | | | |
| 中央单位 | 163517 | 637790214 | 577934432 |
| 地方单位 | 1901247 | 3153259921 | 2835591967 |
| 按企业规模分 | | | |
| #大型企业 | 724840 | 2004656741 | 1769578288 |
| 中型企业 | 565179 | 779177062 | 708955293 |
| 按工业行业大类分 | | | |
| 石油和天然气开采业 | 158 | 607516 | 606110 |
| 农副食品加工业 | 27230 | 42023947 | 31994349 |
| 食品制造业 | 62731 | 69715319 | 59386111 |
| 酒、饮料和精制茶制造业 | 10585 | 14204178 | 10416228 |
| 烟草制品业 | 3854 | 89499629 | 87522260 |
| 纺织业 | 25126 | 20378924 | 18345385 |
| 纺织服装、服饰业 | 54866 | 35603722 | 32286814 |
| 皮革、毛皮、羽毛及其制品和制鞋业 | 20904 | 18581018 | 18287567 |
| 木材加工和木、竹、藤、棕、草制品业 | 6359 | 5889747 | 5376889 |
| 家具制造业 | 30703 | 33276623 | 32661385 |

注：2016 年起，原转制机构归入统计局调查，其数据也归并至规模以上工业企业数据中，下同。

4－1　续表 1

| | 平均用工人数（人） | 主营业务收入（千元） | 工业总产值（千元） |
|---|---|---|---|
| 造纸和纸制品业 | 21325 | 29143255 | 23883742 |
| 印刷和记录媒介复制业 | 24789 | 19237177 | 18309332 |
| 文教、工美、体育和娱乐用品制造业 | 29244 | 53312841 | 38559997 |
| 石油加工、炼焦和核燃料加工业 | 17270 | 121523882 | 120958140 |
| 化学原料和化学制品制造业 | 104404 | 318873468 | 290847619 |
| 医药制造业 | 56143 | 73419796 | 76987977 |
| 化学纤维制造业 | 2977 | 3686356 | 2903658 |
| 橡胶和塑料制品业 | 101102 | 98354350 | 92069535 |
| 非金属矿物制品业 | 47602 | 62098388 | 57193910 |
| 黑色金属冶炼和压延加工业 | 32893 | 180825674 | 131517849 |
| 有色金属冶炼和压延加工业 | 16395 | 45525634 | 42832724 |
| 金属制品业 | 107425 | 94836154 | 87435816 |
| 通用设备制造业 | 210554 | 275803339 | 257059116 |
| 专用设备制造业 | 106027 | 135423377 | 130569189 |
| 汽车制造业 | 234850 | 824668974 | 683103531 |
| 铁路、船舶、航空航天和其他运输设备制造业 | 56565 | 68258175 | 70106558 |
| 电气机械和器材制造业 | 180900 | 226923305 | 215396551 |
| 计算机、通信和其他电子设备制造业 | 361202 | 594583408 | 555307307 |
| 仪器仪表制造业 | 39443 | 42812637 | 40224143 |
| 其他制造业 | 8556 | 5221445 | 4578669 |
| 废弃资源综合利用业 | 2130 | 3725361 | 3667914 |
| 金属制品、机械和设备修理业 | 24737 | 18081376 | 18019247 |
| 电力、热力生产和供应业 | 19296 | 119934885 | 116856297 |
| 燃气生产和供应业 | 7253 | 34863766 | 30971869 |
| 水的生产和供应业 | 9166 | 10132489 | 7282611 |

|  | 平均用工人数（人） | 主营业务收入（千元） | 工业总产值（千元） |
|---|---|---|---|
| 按所在地分 |  |  |  |
| 黄浦区 | 6048 | 14176139 | 9069239 |
| 徐汇区 | 25737 | 65836780 | 54879201 |
| 长宁区 | 17843 | 11448214 | 11307955 |
| 静安区 | 14480 | 16532357 | 14826341 |
| 普陀区 | 17824 | 19980151 | 13652183 |
| 虹口区 | 3375 | 4123433 | 4452501 |
| 杨浦区 | 17167 | 109643907 | 106616218 |
| 闵行区 | 238795 | 359363871 | 335726072 |
| 宝山区 | 99107 | 266138044 | 209750005 |
| 嘉定区 | 296019 | 625306309 | 594455169 |
| 浦东新区 | 535045 | 1191732784 | 1009547715 |
| 金山区 | 129400 | 185805197 | 182628446 |
| 松江区 | 162562 | 169531570 | 159752787 |
| 青浦区 | 291026 | 395451799 | 372821282 |
| 奉贤区 | 158323 | 170042633 | 158436847 |
| 崇明区 | 34575 | 33582941 | 36420313 |

# 4－2 规模以上工业企业科技活动人员情况

**（2017 年）**

| | R&D 人员 | #女性 |
|---|---|---|
| 总计 | 120232 | 26326 |
| 按登记注册类型分 | | |
| 内资企业 | 63788 | 13614 |
| 国有企业 | 496 | 112 |
| 有限责任公司 | 25317 | 5718 |
| 股份有限公司 | 12993 | 2598 |
| 其他企业 | 24982 | 5186 |
| 港、澳、台商投资企业 | 14611 | 3855 |
| 外商投资企业 | 41833 | 8857 |
| 按隶属关系分 | | |
| 中央单位 | 14042 | 2978 |
| 地方单位 | 106190 | 23348 |
| 按企业规模分 | | |
| #大型企业 | 54220 | 2978 |
| 中型企业 | 33374 | 7494 |
| 按工业行业大类分 | | |
| 石油和天然气开采业 | 58 | 13 |
| 农副食品加工业 | 742 | 194 |
| 食品制造业 | 1211 | 534 |
| 酒、饮料和精制茶制造业 | 339 | 126 |
| 烟草制品业 | 507 | 115 |
| 纺织业 | 777 | 367 |
| 纺织服装、服饰业 | 436 | 273 |
| 皮革、毛皮、羽毛及其制品和制鞋业 | 79 | 27 |
| 木材加工和木、竹、藤、棕、草制品业 | 196 | 58 |
| 家具制造业 | 1001 | 246 |

| | R&D 人员 | #女性 |
|---|---|---|
| 造纸和纸制品业 | 423 | 109 |
| 印刷和记录媒介复制业 | 948 | 224 |
| 文教、工美、体育和娱乐用品制造业 | 676 | 170 |
| 石油加工、炼焦和核燃料加工业 | 379 | 98 |
| 化学原料和化学制品制造业 | 7661 | 2034 |
| 医药制造业 | 5319 | 2466 |
| 化学纤维制造业 | 108 | 23 |
| 橡胶和塑料制品业 | 3731 | 780 |
| 非金属矿物制品业 | 1705 | 352 |
| 黑色金属冶炼和压延加工业 | 2301 | 312 |
| 有色金属冶炼和压延加工业 | 788 | 104 |
| 金属制品业 | 3600 | 627 |
| 通用设备制造业 | 14181 | 2177 |
| 专用设备制造业 | 9085 | 1463 |
| 汽车制造业 | 23919 | 4423 |
| 铁路、船舶、航空航天和其他运输设备制造业 | 4758 | 1080 |
| 电气机械和器材制造业 | 11037 | 2266 |
| 计算机、通信和其他电子设备制造业 | 19859 | 4889 |
| 仪器仪表制造业 | 2945 | 611 |
| 其他制造业 | 122 | 10 |
| 废弃资源综合利用业 | 102 | 18 |
| 金属制品、机械和设备修理业 | 93 | 5 |
| 电力、热力生产和供应业 | 1114 | 128 |
| 燃气生产和供应业 | 23 | 2 |
| 水的生产和供应业 | 9 | 2 |

4－2 续表 2

| | R&D 人员 | #女性 |
|---|---|---|
| 按所在地分 | | |
| 黄浦区 | 731 | 98 |
| 徐汇区 | 2545 | 549 |
| 长宁区 | 476 | 110 |
| 静安区 | 1785 | 465 |
| 普陀区 | 983 | 243 |
| 虹口区 | 312 | 47 |
| 杨浦区 | 2247 | 491 |
| 闵行区 | 15046 | 3616 |
| 宝山区 | 5281 | 919 |
| 嘉定区 | 16426 | 3150 |
| 浦东新区 | 38973 | 8858 |
| 金山区 | 7727 | 1640 |
| 松江区 | 13853 | 2928 |
| 青浦区 | 5255 | 1153 |
| 奉贤区 | 7184 | 1719 |
| 崇明区 | 1408 | 340 |

# 4－3 规模以上工业企业科技活动经费支出情况

（2017年）

| | 新产品开发经费 | R&D经费 |
|---|---|---|
| 总计 | 67870459 | 53999528 |
| 按登记注册类型分 | | |
| 内资企业 | 31766631 | 25592764 |
| 国有企业 | 262022 | 167743 |
| 有限责任公司 | 13808399 | 10668058 |
| 股份有限公司 | 9441013 | 8475294 |
| 其他企业 | 8255197 | 6281669 |
| 港、澳、台商投资企业 | 6612442 | 5438758 |
| 外商投资企业 | 29491386 | 22968006 |
| 按隶属关系分 | | |
| 中央单位 | 10178033 | 8056773 |
| 地方单位 | 57692426 | 45942755 |
| 按企业规模分 | | |
| #大型企业 | 40690236 | 33804988 |
| 中型企业 | 14919319 | 11280662 |
| 按工业行业大类分 | | |
| 石油和天然气开采业 | 2727 | 18087 |
| 农副食品加工业 | 262269 | 249014 |
| 食品制造业 | 437853 | 308130 |
| 酒、饮料和精制茶制造业 | 60953 | 66867 |
| 烟草制品业 | 177396 | 342810 |
| 纺织业 | 244550 | 145788 |
| 纺织服装、服饰业 | 77530 | 80394 |
| 皮革、毛皮、羽毛及其制品和制鞋业 | 40234 | 26103 |
| 木材加工和木、竹、藤、棕、草制品业 | 35010 | 50258 |
| 家具制造业 | 708068 | 532256 |

4－3 续表1

| | 新产品开发经费 | R&D经费 |
|---|---|---|
| 造纸和纸制品业 | 157122 | 147434 |
| 印刷和记录媒介复制业 | 243721 | 163136 |
| 文教、工美、体育和娱乐用品制造业 | 214575 | 89116 |
| 石油加工、炼焦和核燃料加工业 | 114785 | 80086 |
| 化学原料和化学制品制造业 | 3579304 | 2969188 |
| 医药制造业 | 2890698 | 2464956 |
| 化学纤维制造业 | 45779 | 34795 |
| 橡胶和塑料制品业 | 1549827 | 1315506 |
| 非金属矿物制品业 | 823002 | 676287 |
| 黑色金属冶炼和压延加工业 | 3007705 | 2561376 |
| 有色金属冶炼和压延加工业 | 485388 | 419754 |
| 金属制品业 | 1067909 | 827140 |
| 通用设备制造业 | 6574922 | 5206373 |
| 专用设备制造业 | 3447963 | 2225839 |
| 汽车制造业 | 20423423 | 16568722 |
| 铁路、船舶、航空航天和其他运输设备制造业 | 3325413 | 2889464 |
| 电气机械和器材制造业 | 5344629 | 3532097 |
| 计算机、通信和其他电子设备制造业 | 11196272 | 8926553 |
| 仪器仪表制造业 | 1180836 | 829637 |
| 其他制造业 | 41782 | 30142 |
| 废弃资源综合利用业 | 11644 | 27219 |
| 金属制品、机械和设备修理业 | 51634 | 24633 |
| 电力、热力生产和供应业 | 38346 | 168384 |
| 燃气生产和供应业 | 3066 | 1709 |
| 水的生产和供应业 | 4124 | 275 |



2018上海科技统计年鉴

| | 新产品<br>开发经费 | R&D<br>经费 |
|---|---|---|
| 按所在地分 | | |
| 黄浦区 | 238388 | 178435 |
| 徐汇区 | 1411311 | 1127921 |
| 长宁区 | 230403 | 205073 |
| 静安区 | 1343239 | 1356528 |
| 普陀区 | 226557 | 266486 |
| 虹口区 | 217389 | 191343 |
| 杨浦区 | 1109845 | 1258509 |
| 闵行区 | 7783947 | 6045016 |
| 宝山区 | 4320977 | 3504945 |
| 嘉定区 | 12444109 | 7560208 |
| 浦东新区 | 26632752 | 22222679 |
| 金山区 | 2119166 | 1987269 |
| 松江区 | 3977162 | 3805212 |
| 青浦区 | 2084592 | 1562975 |
| 奉贤区 | 2869819 | 2036907 |
| 崇明县 | 860803 | 690022 |

# 4－4 规模以上工业企业科技项目及政府相关政策落实情况

（2017 年）

| | 全部科技项目数（项） | 全部科技项目经费内部支出（千元） | 研究开发费用加计扣除减免税（千元） | 高新技术企业减免税（千元） |
|---|---|---|---|---|
| 总计 | 20196 | 72855145 | 4148892 | 5289048 |
| 按登记注册类型分 | | | | |
| 内资企业 | 12467 | 35211439 | 2410318 | 2113884 |
| 国有企业 | 77 | 278990 | 16065 | 10739 |
| 有限责任公司 | 4443 | 14970226 | 1178155 | 912721 |
| 股份有限公司 | 1511 | 9886542 | 564501 | 224051 |
| 其他企业 | 6436 | 10075681 | 651597 | 966373 |
| 港、澳、台商投资企业 | 2354 | 7150612 | 405021 | 831116 |
| 外商投资企业 | 5375 | 30493094 | 1333553 | 2344048 |
| 按隶属关系分 | | | | |
| 中央单位 | 1922 | 11036140 | 911157 | 242738 |
| 地方单位 | 18274 | 61819005 | 3237735 | 5046310 |
| 按企业规模分 | | | | |
| #大型企业 | 4294 | 41804636 | 2234961 | 2387207 |
| 中型企业 | 5498 | 16588581 | 928813 | 1856456 |
| 按工业行业大类分 | | | | |
| 石油和天然气开采业 | 7 | 18087 | 0 | 0 |
| 农副食品加工业 | 148 | 279211 | 13492 | 24257 |
| 食品制造业 | 258 | 517020 | 22013 | 25692 |
| 酒、饮料和精制茶制造业 | 74 | 84895 | 0 | 0 |
| 烟草制品业 | 181 | 419210 | 0 | 0 |
| 纺织业 | 158 | 234430 | 21495 | 24149 |
| 纺织服装、服饰业 | 44 | 95320 | 13830 | 266 |
| 皮革、毛皮、羽毛及其制品和制鞋业 | 29 | 46652 | 723 | 1727 |
| 木材加工和木、竹、藤、棕、草制品业 | 22 | 52493 | 3323 | 2056 |
| 家具制造业 | 260 | 607994 | 37754 | 196339 |

| | 全部科技项目数（项） | 全部科技项目经费内部支出（千元） | 研究开发费用加计扣除减免税（千元） | 高新技术企业减免税（千元） |
|---|---|---|---|---|
| 造纸和纸制品业 | 151 | 217280 | 15944 | 6104 |
| 印刷和记录媒介复制业 | 256 | 359642 | 16837 | 32949 |
| 文教、工美、体育和娱乐用品制造业 | 100 | 220812 | 0 | 0 |
| 石油加工、炼焦和核燃料加工业 | 189 | 120684 | 42689 | 4598 |
| 化学原料和化学制品制造业 | 1761 | 4046938 | 202024 | 363184 |
| 医药制造业 | 1270 | 3011385 | 298690 | 546854 |
| 化学纤维制造业 | 23 | 43764 | 1350 | 1949 |
| 橡胶和塑料制品业 | 758 | 1919875 | 117903 | 131604 |
| 非金属矿物制品业 | 445 | 1112776 | 32136 | 119031 |
| 黑色金属冶炼和压延加工业 | 532 | 3018344 | 294083 | 37576 |
| 有色金属冶炼和压延加工业 | 205 | 666865 | 30456 | 51440 |
| 金属制品业 | 767 | 1314259 | 105038 | 60613 |
| 通用设备制造业 | 2487 | 7175899 | 285058 | 655848 |
| 专用设备制造业 | 1834 | 3995551 | 214690 | 377110 |
| 汽车制造业 | 2816 | 20192786 | 1233364 | 1474294 |
| 铁路、船舶、航空航天和其他运输设备制造业 | 417 | 3606756 | 403187 | 63704 |
| 电气机械和器材制造业 | 2123 | 5897169 | 323487 | 549283 |
| 计算机、通信和其他电子设备制造业 | 1698 | 11844169 | 309643 | 408498 |
| 仪器仪表制造业 | 709 | 1168950 | 65266 | 84311 |
| 其他制造业 | 63 | 54451 | 1998 | 4892 |
| 废弃资源综合利用业 | 49 | 56046 | 1060 | 10826 |
| 金属制品、机械和设备修理业 | 36 | 72178 | 5150 | 14237 |
| 电力、热力生产和供应业 | 285 | 339987 | 29431 | 6010 |
| 燃气生产和供应业 | 15 | 8201 | 0 | 0 |
| 水的生产和供应业 | 26 | 35066 | 6778 | 9647 |

4－4　续表 2

| | 全部科技项目数（项） | 全部科技项目经费内部支出（千元） | 研究开发费用加计扣除减免税（千元） | 高新技术企业减免税（千元） |
|---|---|---|---|---|
| 按所在地分 | | | | |
| 黄浦区 | 68 | 246442 | 14784 | 20531 |
| 徐汇区 | 440 | 1381286 | 33258 | 71127 |
| 长宁区 | 83 | 237509 | 23597 | 3140 |
| 静安区 | 173 | 1502732 | 18231 | 18356 |
| 普陀区 | 205 | 355313 | 26193 | 46021 |
| 虹口区 | 66 | 235360 | 4504 | 17386 |
| 杨浦区 | 399 | 1384130 | 40334 | 81106 |
| 闵行区 | 2346 | 8322246 | 402961 | 781325 |
| 宝山区 | 1367 | 4528369 | 421605 | 195101 |
| 嘉定区 | 2887 | 11686911 | 542467 | 765171 |
| 浦东新区 | 4773 | 28770711 | 1716834 | 2076505 |
| 金山区 | 1771 | 2651262 | 182998 | 194889 |
| 松江区 | 2083 | 4450493 | 220729 | 310676 |
| 青浦区 | 1401 | 2637617 | 118047 | 221217 |
| 奉贤区 | 1918 | 3429833 | 228704 | 446620 |
| 崇明区 | 216 | 1034931 | 153646 | 39877 |

# 4－5 规模以上工业企业自主知识产权情况

**（2017 年）**

| | 专利申请数（件） | #发明专利 | 期末有效发明专利数（件） | #境外授权 | 专利所有权转让及许可数（件） | 专利所有权转让及许可收入（千元） |
|---|---|---|---|---|---|---|
| 总计 | 27581 | 12329 | 43416 | 2563 | 619 | 315628 |
| 按登记注册类型分 | | | | | | |
| 内资企业 | 17953 | 7687 | 28749 | 1085 | 428 | 292033 |
| 国有企业 | 109 | 61 | 161 | 0 | 0 | 0 |
| 有限责任公司 | 7697 | 4219 | 13420 | 684 | 117 | 164987 |
| 股份有限公司 | 2842 | 1477 | 5305 | 298 | 46 | 260 |
| 其他企业 | 7305 | 1930 | 9863 | 103 | 265 | 126786 |
| 港、澳、台商投资企业 | 2717 | 1187 | 4103 | 402 | 107 | 20005 |
| 外商投资企业 | 6911 | 3455 | 10564 | 1076 | 84 | 3590 |
| 按隶属关系分 | | | | | | |
| 中央单位 | 3615 | 2362 | 7731 | 461 | 39 | 260 |
| 地方单位 | 23966 | 9967 | 35685 | 2102 | 580 | 315368 |
| 按企业规模分 | | | | | | |
| #大型企业 | 11142 | 7178 | 17741 | 1522 | 142 | 7610 |
| 中型企业 | 5662 | 1918 | 9831 | 606 | 157 | 144791 |
| 按工业行业大类分 | | | | | | |
| 石油和天然气开采业 | 0 | 0 | 6 | 0 | 0 | 0 |
| 农副食品加工业 | 152 | 41 | 226 | 0 | 19 | 0 |
| 食品制造业 | 280 | 173 | 488 | 27 | 1 | 100 |
| 酒、饮料和精制茶制造业 | 23 | 4 | 34 | 0 | 0 | 0 |
| 烟草制品业 | 113 | 64 | 248 | 3 | 0 | 0 |
| 纺织业 | 121 | 41 | 295 | 8 | 0 | 0 |
| 纺织服装、服饰业 | 80 | 30 | 70 | 0 | 0 | 0 |
| 皮革、毛皮、羽毛及其制品和制鞋业 | 176 | 9 | 44 | 0 | 0 | 0 |
| 木材加工和木、竹、藤、棕、草制品业 | 52 | 18 | 24 | 0 | 10 | 0 |
| 家具制造业 | 220 | 71 | 197 | 2 | 14 | 2000 |

4－5　续表 1

| | 专利申请数（件） | #发明专利 | 期末有效发明专利数（件） | #境外授权 | 专利所有权转让及许可数（件） | 专利所有权转让及许可收入（千元） |
|---|---|---|---|---|---|---|
| 造纸和纸制品业 | 99 | 24 | 111 | 0 | 0 | 0 |
| 印刷和记录媒介复制业 | 212 | 67 | 237 | 3 | 3 | 0 |
| 文教、工美、体育和娱乐用品制造业 | 302 | 96 | 100 | 4 | 0 | 0 |
| 石油加工、炼焦和核燃料加工业 | 71 | 63 | 303 | 2 | 0 | 0 |
| 化学原料和化学制品制造业 | 1520 | 792 | 3201 | 69 | 54 | 38064 |
| 医药制造业 | 547 | 258 | 1493 | 126 | 13 | 7 |
| 化学纤维制造业 | 35 | 17 | 28 | 0 | 3 | 0 |
| 橡胶和塑料制品业 | 839 | 334 | 1505 | 10 | 34 | 0 |
| 非金属矿物制品业 | 659 | 138 | 632 | 2 | 76 | 0 |
| 黑色金属冶炼和压延加工业 | 657 | 448 | 2633 | 239 | 10 | 260 |
| 有色金属冶炼和压延加工业 | 163 | 43 | 240 | 0 | 21 | 0 |
| 金属制品业 | 803 | 209 | 1087 | 36 | 1 | 0 |
| 通用设备制造业 | 3157 | 962 | 4397 | 52 | 90 | 91839 |
| 专用设备制造业 | 2962 | 1321 | 4067 | 92 | 37 | 15000 |
| 汽车制造业 | 3701 | 1042 | 3482 | 39 | 75 | 2354 |
| 铁路、船舶、航空航天和其他运输设备制造业 | 1112 | 492 | 870 | 0 | 8 | 0 |
| 电气机械和器材制造业 | 3175 | 865 | 4060 | 48 | 70 | 36851 |
| 计算机、通信和其他电子设备制造业 | 5353 | 4261 | 11406 | 1794 | 73 | 129153 |
| 仪器仪表制造业 | 502 | 144 | 733 | 5 | 7 | 0 |
| 其他制造业 | 70 | 18 | 79 | 2 | 0 | 0 |
| 废弃资源综合利用业 | 23 | 14 | 53 | 0 | 0 | 0 |
| 金属制品、机械和设备修理业 | 28 | 7 | 69 | 0 | 0 | 0 |
| 电力、热力生产和供应业 | 370 | 262 | 982 | 0 | 0 | 0 |
| 燃气生产和供应业 | 2 | 0 | 8 | 0 | 0 | 0 |
| 水的生产和供应业 | 2 | 1 | 8 | 0 | 0 | 0 |

| | 专利申请数（件） | #发明专利 | 期末有效发明专利数（件） | #境外授权 | 专利所有权转让及许可数（件） | 专利所有权转让及许可收入（千元） |
|---|---|---|---|---|---|---|
| 按所在地分 | | | | | | |
| 黄浦区 | 60 | 22 | 117 | 0 | 2 | 283 |
| 徐汇区 | 531 | 195 | 1641 | 79 | 11 | 37491 |
| 长宁区 | 70 | 31 | 152 | 0 | 0 | 0 |
| 静安区 | 255 | 86 | 318 | 0 | 2 | 755 |
| 普陀区 | 127 | 35 | 352 | 14 | 0 | 0 |
| 虹口区 | 32 | 14 | 50 | 0 | 0 | 0 |
| 杨浦区 | 381 | 149 | 603 | 26 | 0 | 0 |
| 闵行区 | 3392 | 1542 | 6350 | 521 | 113 | 18756 |
| 宝山区 | 1466 | 756 | 3949 | 251 | 73 | 290 |
| 嘉定区 | 4245 | 1720 | 4636 | 65 | 39 | 90923 |
| 浦东新区 | 9251 | 5296 | 14201 | 1236 | 232 | 130668 |
| 金山区 | 2099 | 873 | 2888 | 260 | 58 | 356 |
| 松江区 | 1877 | 506 | 2999 | 47 | 24 | 0 |
| 青浦区 | 1725 | 523 | 2544 | 36 | 23 | 36000 |
| 奉贤区 | 1780 | 507 | 2341 | 28 | 42 | 106 |
| 崇明区 | 290 | 74 | 275 | 0 | 0 | 0 |

# 4－6 规模以上工业企业新产品生产及销售情况

（2017 年）

| | 新产品产值（千元） | 新产品销售收入（千元） | #出口 |
|---|---|---|---|
| 总计 | 915990646 | 1006815176 | 130408035 |
| 按登记注册类型分 | | | |
| 内资企业 | 353903949 | 371001723 | 52694117 |
| 国有企业 | 2962374 | 3025533 | 0 |
| 有限责任公司 | 199559292 | 210308459 | 38084205 |
| 股份有限公司 | 68896366 | 70335401 | 6000454 |
| 其他企业 | 82485917 | 87332330 | 8609458 |
| 港、澳、台商投资企业 | 75781905 | 77562593 | 33810661 |
| 外商投资企业 | 486304792 | 558250860 | 43903257 |
| 按隶属关系分 | | | |
| 中央单位 | 152764931 | 145970156 | 33041389 |
| 地方单位 | 763225715 | 860845020 | 97366646 |
| 按企业规模分 | | | |
| #大型企业 | 647668198 | 727849486 | 90284748 |
| 中型企业 | 171037009 | 173615469 | 28444122 |
| 按工业行业大类分 | | | |
| 石油和天然气开采业 | 0 | 0 | 0 |
| 农副食品加工业 | 3710214 | 4478705 | 27828 |
| 食品制造业 | 1838909 | 1761061 | 253509 |
| 酒、饮料和精制茶制造业 | 306148 | 290768 | 37079 |
| 烟草制品业 | 52900402 | 52861555 | 37912 |
| 纺织业 | 2386952 | 2660432 | 208246 |
| 纺织服装、服饰业 | 1202563 | 1789830 | 412571 |
| 皮革、毛皮、羽毛及其制品和制鞋业 | 183260 | 290913 | 167932 |
| 木材加工和木、竹、藤、棕、草制品业 | 599915 | 591373 | 67000 |
| 家具制造业 | 5534229 | 5689539 | 233557 |

4－6 续表1

| | 新产品产值（千元） | 新产品销售收入（千元） | #出口 |
|---|---|---|---|
| 造纸和纸制品业 | 1904642 | 1966671 | 133266 |
| 印刷和记录媒介复制业 | 4735070 | 4733883 | 595407 |
| 文教、工美、体育和娱乐用品制造业 | 2202458 | 2261618 | 1485795 |
| 石油加工、炼焦和核燃料加工业 | 2788063 | 2937766 | 4048 |
| 化学原料和化学制品制造业 | 30195914 | 32329838 | 2163002 |
| 医药制造业 | 15335070 | 15235189 | 931966 |
| 化学纤维制造业 | 231597 | 230054 | 0 |
| 橡胶和塑料制品业 | 18562698 | 23416790 | 4351703 |
| 非金属矿物制品业 | 11642176 | 11443065 | 1092873 |
| 黑色金属冶炼和压延加工业 | 23228586 | 22438276 | 2131237 |
| 有色金属冶炼和压延加工业 | 10386028 | 10652137 | 2265639 |
| 金属制品业 | 9001565 | 10506475 | 1906618 |
| 通用设备制造业 | 78411368 | 77120572 | 10944076 |
| 专用设备制造业 | 26696799 | 27928099 | 2873690 |
| 汽车制造业 | 400617186 | 492559225 | 6192013 |
| 铁路、船舶、航空航天和其他运输设备制造业 | 51558032 | 45786090 | 24597762 |
| 电气机械和器材制造业 | 60943918 | 62637390 | 11346297 |
| 计算机、通信和其他电子设备制造业 | 87982726 | 81292484 | 54391860 |
| 仪器仪表制造业 | 9031180 | 9061978 | 1391955 |
| 其他制造业 | 265321 | 265750 | 163194 |
| 废弃资源综合利用业 | 15589 | 14521 | 0 |
| 金属制品、机械和设备修理业 | 1052002 | 1052002 | 0 |
| 电力、热力生产和供应业 | 540066 | 531127 | 0 |
| 燃气生产和供应业 | 0 | 0 | 0 |
| 水的生产和供应业 | 0 | 0 | 0 |

4－6　续表2

| | 新产品产值（千元） | 新产品销售收入（千元） | |
|---|---|---|---|
| | | | #出口 |
| 按所在地分 | | | |
| 黄浦区 | 3456380 | 3439121 | 0 |
| 徐汇区 | 5140464 | 10956419 | 1660468 |
| 长宁区 | 153988 | 159132 | 893 |
| 静安区 | 4391161 | 4480538 | 656627 |
| 普陀区 | 3663720 | 4045206 | 33067 |
| 虹口区 | 2327347 | 2265500 | 13555 |
| 杨浦区 | 56537125 | 59023357 | 106890 |
| 闵行区 | 90387730 | 90958263 | 19924200 |
| 宝山区 | 40732033 | 40349655 | 4905632 |
| 嘉定区 | 260460094 | 265193502 | 7429209 |
| 浦东新区 | 293254576 | 374126298 | 56761011 |
| 金山区 | 25479185 | 27276138 | 5254934 |
| 松江区 | 55577544 | 51440108 | 16058057 |
| 青浦区 | 27304567 | 27710801 | 5333024 |
| 奉贤区 | 25112857 | 26446878 | 4653514 |
| 崇明区 | 22011875 | 18944260 | 7616954 |

# 4－7 规模以上工业企业其他科技活动产出情况

（2017 年）

| | 发表科技论文（篇） | 期末拥有注册商标（件） | #境外注册 | 形成国家或行业标准（项） |
|---|---|---|---|---|
| 总计 | 3029 | 20667 | 3094 | 793 |
| 按登记注册类型分 | | | | |
| 内资企业 | 2496 | 15275 | 2242 | 650 |
| 国有企业 | 32 | 34 | 0 | 2 |
| 有限责任公司 | 1324 | 3491 | 795 | 274 |
| 股份有限公司 | 925 | 5578 | 784 | 101 |
| 其他企业 | 215 | 6172 | 663 | 273 |
| 港、澳、台商投资企业 | 107 | 1284 | 215 | 25 |
| 外商投资企业 | 426 | 4108 | 637 | 118 |
| 按隶属关系分 | | | | |
| 中央单位 | 1482 | 1331 | 291 | 55 |
| 地方单位 | 1547 | 19336 | 2803 | 738 |
| 按企业规模分 | | | | |
| #大型企业 | 2022 | 9465 | 1749 | 196 |
| 中型企业 | 608 | 5758 | 752 | 263 |
| 按工业行业大类分 | | | | |
| 石油和天然气开采业 | 8 | 0 | 0 | 0 |
| 农副食品加工业 | 11 | 659 | 114 | 0 |
| 食品制造业 | 83 | 1222 | 95 | 6 |
| 酒、饮料和精制茶制造业 | 11 | 241 | 29 | 1 |
| 烟草制品业 | 20 | 811 | 275 | 7 |
| 纺织业 | 0 | 8 | 0 | 9 |
| 纺织服装、服饰业 | 0 | 2016 | 132 | 2 |
| 皮革、毛皮、羽毛及其制品和制鞋业 | 0 | 18 | 2 | 0 |
| 木材加工和木、竹、藤、棕、草制品业 | 0 | 12 | 0 | 5 |
| 家具制造业 | 0 | 13 | 0 | 0 |

4－7　续表1

| | 发表科技论文（篇） | 期末拥有注册商标（件） | #境外注册 | 形成国家或行业标准（项） |
|---|---|---|---|---|
| 造纸和纸制品业 | 11 | 63 | 0 | 1 |
| 印刷和记录媒介复制业 | 6 | 8 | 0 | 11 |
| 文教、工美、体育和娱乐用品制造业 | 0 | 165 | 68 | 2 |
| 石油加工、炼焦和核燃料加工业 | 28 | 98 | 0 | 3 |
| 化学原料和化学制品制造业 | 129 | 3920 | 411 | 122 |
| 医药制造业 | 58 | 1605 | 63 | 18 |
| 化学纤维制造业 | 4 | 40 | 1 | 4 |
| 橡胶和塑料制品业 | 196 | 384 | 6 | 28 |
| 非金属矿物制品业 | 34 | 350 | 34 | 31 |
| 黑色金属冶炼和压延加工业 | 561 | 153 | 6 | 5 |
| 有色金属冶炼和压延加工业 | 5 | 25 | 0 | 8 |
| 金属制品业 | 27 | 338 | 34 | 21 |
| 通用设备制造业 | 259 | 1124 | 181 | 129 |
| 专用设备制造业 | 178 | 1818 | 703 | 35 |
| 汽车制造业 | 321 | 2335 | 505 | 104 |
| 铁路、船舶、航空航天和其他运输设备制造业 | 390 | 259 | 4 | 15 |
| 电气机械和器材制造业 | 119 | 1536 | 267 | 129 |
| 计算机、通信和其他电子设备制造业 | 89 | 501 | 87 | 22 |
| 仪器仪表制造业 | 71 | 772 | 1 | 60 |
| 其他制造业 | 0 | 169 | 76 | 3 |
| 废弃资源综合利用业 | 7 | 4 | 0 | 0 |
| 金属制品、机械和设备修理业 | 3 | 0 | 0 | 0 |
| 电力、热力生产和供应业 | 386 | 0 | 0 | 12 |
| 燃气生产和供应业 | 5 | 0 | 0 | 0 |
| 水的生产和供应业 | 9 | 0 | 0 | 0 |

| | 发表科技论文（篇） | 期末拥有注册商标（件） | #境外注册 | 形成国家或行业标准（项） |
|---|---|---|---|---|
| 按所在地分 | | | | |
| 黄浦区 | 29 | 291 | 2 | 1 |
| 徐汇区 | 50 | 651 | 186 | 32 |
| 长宁区 | 0 | 110 | 56 | 5 |
| 静安区 | 59 | 31 | 0 | 13 |
| 普陀区 | 20 | 274 | 66 | 15 |
| 虹口区 | 6 | 10 | 0 | 2 |
| 杨浦区 | 130 | 2415 | 493 | 23 |
| 闵行区 | 373 | 2004 | 223 | 88 |
| 宝山区 | 630 | 1389 | 123 | 30 |
| 嘉定区 | 176 | 1570 | 258 | 160 |
| 浦东新区 | 1090 | 7228 | 1246 | 188 |
| 金山区 | 116 | 1154 | 121 | 65 |
| 松江区 | 13 | 1442 | 114 | 32 |
| 青浦区 | 232 | 1041 | 115 | 44 |
| 奉贤区 | 69 | 983 | 91 | 85 |
| 崇明区 | 36 | 74 | 0 | 10 |

# 4－8　规模以上工业企业技术获取和技术改造情况

（2017 年）

| | 技术改造经费支出（千元） | 引进境外技术经费支出（千元） | 引进技术消化吸收经费支出（千元） | 购买境内技术经费支出（千元） |
|---|---|---|---|---|
| 总计 | 16160209 | 9650589 | 4739771 | 2161436 |
| 按登记注册类型分 | | | | |
| 内资企业 | 7748358 | 1434167 | 235030 | 1996935 |
| 国有企业 | 0 | 0 | 0 | 0 |
| 有限责任公司 | 2126842 | 386864 | 214008 | 193874 |
| 股份有限公司 | 5430210 | 1042245 | 21022 | 1802626 |
| 其他企业 | 191306 | 5058 | 0 | 435 |
| 港、澳、台商投资企业 | 247902 | 111282 | 10489 | 1300 |
| 外商投资企业 | 8163949 | 8105140 | 4494252 | 163201 |
| 按隶属关系分 | | | | |
| 中央单位 | 7274916 | 1076968 | 104411 | 1909912 |
| 地方单位 | 8885293 | 8573621 | 4635360 | 251524 |
| 按企业规模分 | | | | |
| #大型企业 | 14525683 | 8904909 | 4571720 | 2071304 |
| 中型企业 | 1077775 | 660648 | 165148 | 76136 |
| 按工业行业大类分 | | | | |
| 石油和天然气开采业 | 0 | 0 | 0 | 0 |
| 农副食品加工业 | 6051 | 0 | 0 | 0 |
| 食品制造业 | 3877 | 0 | 0 | 215 |
| 酒、饮料和精制茶制造业 | 7870 | 0 | 0 | 0 |
| 烟草制品业 | 1011738 | 0 | 0 | 0 |
| 纺织业 | 4800 | 2080 | 708 | 0 |
| 纺织服装、服饰业 | 0 | 0 | 0 | 0 |
| 皮革、毛皮、羽毛及其制品和制鞋业 | 0 | 0 | 0 | 0 |
| 木材加工和木、竹、藤、棕、草制品业 | 0 | 0 | 0 | 0 |
| 家具制造业 | 0 | 0 | 0 | 0 |

|  | 技术改造经费支出（千元） | 引进境外技术经费支出（千元） | 引进技术消化吸收经费支出（千元） | 购买境内技术经费支出（千元） |
|---|---|---|---|---|
| 造纸和纸制品业 | 73285 | 0 | 0 | 0 |
| 印刷和记录媒介复制业 | 13441 | 0 | 0 | 919 |
| 文教、工美、体育和娱乐用品制造业 | 0 | 0 | 0 | 0 |
| 石油加工、炼焦和核燃料加工业 | 654324 | 0 | 0 | 1300 |
| 化学原料和化学制品制造业 | 163354 | 16827 | 0 | 200 |
| 医药制造业 | 23312 | 8509 | 45869 | 9090 |
| 化学纤维制造业 | 3823 | 0 | 0 | 0 |
| 橡胶和塑料制品业 | 33558 | 12492 | 0 | 0 |
| 非金属矿物制品业 | 43994 | 1000 | 900 | 0 |
| 黑色金属冶炼和压延加工业 | 4433529 | 545636 | 31639 | 1730942 |
| 有色金属冶炼和压延加工业 | 11424 | 0 | 0 | 20 |
| 金属制品业 | 72450 | 0 | 0 | 0 |
| 通用设备制造业 | 399270 | 442316 | 224605 | 12177 |
| 专用设备制造业 | 30175 | 4768 | 23968 | 0 |
| 汽车制造业 | 7613376 | 7961673 | 4211760 | 194505 |
| 铁路、船舶、航空航天和其他运输设备制造业 | 61255 | 225258 | 7969 | 106367 |
| 电气机械和器材制造业 | 136705 | 198166 | 189142 | 67000 |
| 计算机、通信和其他电子设备制造业 | 442717 | 196572 | 3211 | 38701 |
| 仪器仪表制造业 | 1972 | 35292 | 0 | 0 |
| 其他制造业 | 0 | 0 | 0 | 0 |
| 废弃资源综合利用业 | 2000 | 0 | 0 | 0 |
| 金属制品、机械和设备修理业 | 0 | 0 | 0 | 0 |
| 电力、热力生产和供应业 | 677709 | 0 | 0 | 0 |
| 燃气生产和供应业 | 63985 | 0 | 0 | 0 |
| 水的生产和供应业 | 170215 | 0 | 0 | 0 |

4－8　续表2

| | 技术改造经费支出（千元） | 引进境外技术经费支出（千元） | 引进技术消化吸收经费支出（千元） | 购买境内技术经费支出（千元） |
|---|---|---|---|---|
| 按所在地分 | | | | |
| 黄浦区 | 158553 | 0 | 0 | 0 |
| 徐汇区 | 5841 | 877 | 0 | 0 |
| 长宁区 | 0 | 0 | 0 | 0 |
| 静安区 | 8630 | 0 | 0 | 0 |
| 普陀区 | 140793 | 0 | 0 | 919 |
| 虹口区 | 1066 | 2567 | 1798 | 84 |
| 杨浦区 | 1164337 | 0 | 0 | 0 |
| 闵行区 | 412066 | 262103 | 214391 | 12177 |
| 宝山区 | 4697202 | 624584 | 28070 | 1730942 |
| 嘉定区 | 2598074 | 1854832 | 1012123 | 193310 |
| 浦东新区 | 6626506 | 6870631 | 3417303 | 193347 |
| 金山区 | 229204 | 1437 | 900 | 180 |
| 松江区 | 43202 | 20290 | 8960 | 20 |
| 青浦区 | 22548 | 4759 | 708 | 0 |
| 奉贤区 | 52187 | 8509 | 47549 | 235 |
| 崇明区 | 0 | 0 | 7969 | 30222 |

# 4－9 规模以上工业企业办科技机构情况

（2017年）

| | 企业办科技机构数（个） | 机构人员（人） | #博士毕业 | #硕士毕业 | 机构经费支出（千元） | 期末仪器和设备原价（千元） |
|---|---|---|---|---|---|---|
| 总计 | 621 | 69410 | 1805 | 19236 | 37374677 | 28574238 |
| 按登记注册类型分 | | | | | | |
| 内资企业 | 380 | 37065 | 1032 | 9093 | 16894696 | 15580095 |
| 国有企业 | 3 | 474 | 25 | 214 | 202152 | 1252781 |
| 有限责任公司 | 151 | 19281 | 474 | 4560 | 6794010 | 7894216 |
| 股份有限公司 | 46 | 9594 | 436 | 3597 | 8021346 | 4809666 |
| 其他企业 | 180 | 7716 | 97 | 722 | 1877188 | 1623432 |
| 港、澳、台商投资企业 | 85 | 6747 | 247 | 1075 | 3127319 | 2981982 |
| 外商投资企业 | 156 | 25598 | 526 | 9068 | 17352662 | 10012161 |
| 按隶属关系分 | | | | | | |
| 中央单位 | 41 | 13311 | 500 | 4308 | 7161972 | 6005399 |
| 地方单位 | 580 | 56099 | 1305 | 14928 | 30212705 | 22568839 |
| 按企业规模分 | | | | | | |
| #大型企业 | 103 | 41839 | 1183 | 15000 | 28727123 | 15676705 |
| 中型企业 | 205 | 18567 | 456 | 3096 | 6263979 | 10437448 |
| 按工业行业大类分 | | | | | | |
| 石油和天然气开采业 | 0 | 0 | 0 | 0 | 0 | 0 |
| 农副食品加工业 | 2 | 44 | 4 | 6 | 3228 | 6188 |
| 食品制造业 | 8 | 408 | 26 | 109 | 120316 | 293429 |
| 酒、饮料和精制茶制造业 | 1 | 218 | 7 | 34 | 42476 | 61429 |
| 烟草制品业 | 1 | 168 | 9 | 89 | 316823 | 266473 |
| 纺织业 | 9 | 485 | 0 | 24 | 100808 | 483026 |
| 纺织服装、服饰业 | 2 | 138 | 0 | 5 | 21851 | 36463 |
| 皮革、毛皮、羽毛及其制品和制鞋业 | 0 | 0 | 0 | 0 | 0 | 0 |
| 木材加工和木、竹、藤、棕、草制品业 | 1 | 95 | 0 | 4 | 23954 | 5525 |
| 家具制造业 | 5 | 924 | 2 | 29 | 561188 | 165059 |

4－9　续表 1

| | 企业办科技机构数（个） | 机构人员（人） | #博士毕业 | #硕士毕业 | 机构经费支出（千元） | 期末仪器和设备原价（千元） |
|---|---|---|---|---|---|---|
| 造纸和纸制品业 | 5 | 166 | 0 | 9 | 78725 | 584922 |
| 印刷和记录媒介复制业 | 6 | 241 | 4 | 16 | 73473 | 90528 |
| 文教、工美、体育和娱乐用品制造业 | 2 | 140 | 0 | 2 | 25185 | 20838 |
| 石油加工、炼焦和核燃料加工业 | 8 | 288 | 8 | 26 | 49223 | 346176 |
| 化学原料和化学制品制造业 | 61 | 2569 | 140 | 525 | 876542 | 677226 |
| 医药制造业 | 50 | 3671 | 238 | 1021 | 1525429 | 1212149 |
| 化学纤维制造业 | 5 | 101 | 6 | 4 | 19154 | 21384 |
| 橡胶和塑料制品业 | 30 | 1303 | 21 | 134 | 435292 | 361140 |
| 非金属矿物制品业 | 24 | 1216 | 14 | 111 | 557401 | 561217 |
| 黑色金属冶炼和压延加工业 | 6 | 1085 | 215 | 317 | 2296030 | 1368300 |
| 有色金属冶炼和压延加工业 | 8 | 296 | 13 | 38 | 241585 | 88031 |
| 金属制品业 | 19 | 790 | 4 | 67 | 141858 | 453819 |
| 通用设备制造业 | 82 | 9048 | 121 | 1475 | 4011600 | 2629732 |
| 专用设备制造业 | 48 | 3743 | 183 | 1218 | 936386 | 922427 |
| 汽车制造业 | 59 | 19801 | 315 | 8229 | 15977917 | 8495695 |
| 铁路、船舶、航空航天和其他运输设备制造业 | 12 | 4210 | 61 | 758 | 1188242 | 1528935 |
| 电气机械和器材制造业 | 74 | 5916 | 41 | 731 | 2318282 | 3822312 |
| 计算机、通信和其他电子设备制造业 | 70 | 10790 | 334 | 3908 | 4984029 | 3390224 |
| 仪器仪表制造业 | 18 | 1028 | 18 | 171 | 251415 | 293115 |
| 其他制造业 | 0 | 0 | 0 | 0 | 0 | 0 |
| 废弃资源综合利用业 | 3 | 51 | 1 | 15 | 12651 | 2171 |
| 金属制品、机械和设备修理业 | 0 | 0 | 0 | 0 | 0 | 0 |
| 电力、热力生产和供应业 | 2 | 477 | 20 | 161 | 183614 | 386305 |
| 燃气生产和供应业 | 0 | 0 | 0 | 0 | 0 | 0 |
| 水的生产和供应业 | 0 | 0 | 0 | 0 | 0 | 0 |

| | 企业办科技机构数（个） | 机构人员（人） | #博士毕业 | #硕士毕业 | 机构经费支出（千元） | 期末仪器和设备原价（千元） |
|---|---|---|---|---|---|---|
| 按所在地分 | | | | | | |
| 黄浦区 | 3 | 465 | 4 | 32 | 213648 | 61149 |
| 徐汇区 | 10 | 957 | 19 | 210 | 349002 | 271236 |
| 长宁区 | 2 | 55 | 1 | 10 | 9998 | 3345 |
| 静安区 | 6 | 405 | 5 | 89 | 106573 | 238408 |
| 普陀区 | 8 | 674 | 13 | 80 | 105283 | 152135 |
| 虹口区 | 2 | 118 | 1 | 9 | 198059 | 18391 |
| 杨浦区 | 10 | 1125 | 42 | 295 | 730994 | 771435 |
| 闵行区 | 99 | 10577 | 281 | 2154 | 4497599 | 4386742 |
| 宝山区 | 38 | 2450 | 240 | 555 | 2584831 | 1942992 |
| 嘉定区 | 88 | 10889 | 247 | 3188 | 6910352 | 3659222 |
| 浦东新区 | 118 | 29941 | 754 | 11269 | 18298577 | 13281080 |
| 金山区 | 62 | 2529 | 69 | 404 | 841379 | 1475680 |
| 松江区 | 77 | 4290 | 48 | 298 | 963299 | 1154720 |
| 青浦区 | 38 | 1639 | 28 | 264 | 585255 | 264667 |
| 奉贤区 | 57 | 2101 | 43 | 297 | 562744 | 707987 |
| 崇明区 | 3 | 1195 | 10 | 82 | 417084 | 185049 |

2018

SHANGHAI STATISTICAL YEARBOOK ON SCIENCE AND TECHNOLOGY

上海科技统计年鉴

# 五 其他科技活动机构

# (一) 科学技术信息与文献机构

## 5-1 科学技术信息与文献机构情况

(2017年)

| | 机构数（个） | 从业人员（人） | 经常费收入总额（千元） | 经常费内部支出总额（千元） |
|---|---|---|---|---|
| 总计 | 9 | 1170 | 790053 | 745840 |
| 按隶属关系分 | | | | |
| 地方县以上属 | 8 | 1089 | 747873 | 704691 |
| 中央部门属 | 1 | 81 | 42180 | 41149 |
| 按学科分 | | | | |
| 工程与技术科学基础学科 | 1 | 120 | 103064 | 84788 |
| 机械工程 | 1 | 12 | 3944 | 3936 |
| 化学工程 | 1 | 32 | 17429 | 14806 |
| 食品科学技术 | 0 | 0 | 0 | 0 |
| 航空、航天科学技术 | 1 | 81 | 42180 | 41149 |
| 图书馆、情报与文献学 | 5 | 925 | 623436 | 601161 |
| 按所在地分 | | | | |
| 黄浦区 | 1 | 12 | 3252 | 3141 |
| 徐汇区 | 4 | 968 | 696527 | 653778 |
| 长宁区 | 0 | 0 | 0 | 0 |
| 静安区 | 2 | 55 | 31434 | 29353 |
| 普陀区 | 0 | 0 | 0 | 0 |
| 虹口区 | 0 | 0 | 0 | 0 |
| 杨浦区 | 0 | 0 | 0 | 0 |
| 闵行区 | 1 | 81 | 42180 | 41149 |
| 宝山区 | 0 | 0 | 0 | 0 |
| 嘉定区 | 0 | 0 | 0 | 0 |
| 浦东新区 | 0 | 0 | 0 | 0 |
| 金山区 | 0 | 0 | 0 | 0 |
| 松江区 | 0 | 0 | 0 | 0 |
| 青浦区 | 0 | 0 | 0 | 0 |
| 奉贤区 | 1 | 54 | 16660 | 18419 |
| 崇明区 | 0 | 0 | 0 | 0 |
| 按服务行业分 | | | | |
| 农、林、牧、渔业 | 1 | 54 | 16660 | 18419 |
| 制造业 | 1 | 12 | 3944 | 3936 |
| 租赁和商务服务业 | 1 | 43 | 27490 | 25417 |
| 科学研究、技术服务和地质勘查业 | 4 | 245 | 165925 | 143884 |
| 卫生、社会保障和社会福利业 | 1 | 60 | 46161 | 48964 |
| 文化、体育和娱乐业 | 1 | 756 | 529873 | 505220 |

# 5－2 科学技术信息与文献机构从业人员情况

**（2017 年）**

| | 从业人员（人） | 从事科技活动人员 | #女性 | 从事生产、经营活动人员 | 其他人员 |
|---|---|---|---|---|---|
| 总计 | 1170 | 1124 | 677 | 0 | 46 |
| 按隶属关系分 | | | | | |
| 地方县以上属 | 1089 | 1052 | 641 | 0 | 37 |
| 中央部门属 | 81 | 72 | 36 | 0 | 9 |
| 按学科分 | | | | | |
| 工程与技术科学基础学科 | 120 | 111 | 61 | 0 | 9 |
| 机械工程 | 12 | 12 | 4 | 0 | 0 |
| 化学工程 | 32 | 29 | 16 | 0 | 3 |
| 食品科学技术 | 0 | 0 | 0 | 0 | 0 |
| 航空、航天科学技术 | 81 | 72 | 36 | 0 | 9 |
| 图书馆、情报与文献学 | 925 | 900 | 560 | 0 | 25 |
| 按所在地分 | | | | | |
| 黄浦区 | 12 | 12 | 6 | 0 | 0 |
| 徐汇区 | 968 | 933 | 579 | 0 | 35 |
| 长宁区 | 0 | 0 | 0 | 0 | 0 |
| 静安区 | 55 | 55 | 24 | 0 | 0 |
| 普陀区 | 0 | 0 | 0 | 0 | 0 |
| 虹口区 | 0 | 0 | 0 | 0 | 0 |
| 杨浦区 | 0 | 0 | 0 | 0 | 0 |
| 闵行区 | 81 | 72 | 36 | 0 | 9 |
| 宝山区 | 0 | 0 | 0 | 0 | 0 |
| 嘉定区 | 0 | 0 | 0 | 0 | 0 |
| 浦东新区 | 0 | 0 | 0 | 0 | 0 |
| 金山区 | 0 | 0 | 0 | 0 | 0 |
| 松江区 | 0 | 0 | 0 | 0 | 0 |
| 青浦区 | 0 | 0 | 0 | 0 | 0 |
| 奉贤区 | 54 | 52 | 32 | 0 | 2 |
| 崇明区 | 0 | 0 | 0 | 0 | 0 |
| 按服务行业分 | | | | | |
| 农、林、牧、渔业 | 54 | 52 | 32 | 0 | 2 |
| 制造业 | 12 | 12 | 4 | 0 | 0 |
| 租赁和商务服务业 | 43 | 43 | 20 | 0 | 0 |
| 科学研究、技术服务和地质勘查业 | 245 | 224 | 119 | 0 | 21 |
| 卫生、社会保障和社会福利业 | 60 | 60 | 43 | 0 | 0 |
| 文化、体育和娱乐业 | 756 | 733 | 459 | 0 | 23 |

# 5－3　科学技术信息与文献机构从事科技活动人员情况

**（2017 年）**

| | 从事科技活动人员（人） | #高级职称 | #中级职称 | #初级职称 |
|---|---|---|---|---|
| 总计 | 1124 | 266 | 528 | 300 |
| 按隶属关系分 | | | | |
| 地方县以上属 | 1052 | 247 | 485 | 291 |
| 中央部门属 | 72 | 19 | 43 | 9 |
| 按学科分 | | | | |
| 工程与技术科学基础学科 | 111 | 34 | 44 | 33 |
| 机械工程 | 12 | 3 | 5 | 3 |
| 化学工程 | 29 | 8 | 16 | 3 |
| 食品科学技术 | 0 | 0 | 0 | 0 |
| 航空、航天科学技术 | 72 | 19 | 43 | 9 |
| 图书馆、情报与文献学 | 900 | 202 | 420 | 252 |
| 按所在地分 | | | | |
| 黄浦区 | 12 | 3 | 5 | 3 |
| 徐汇区 | 933 | 211 | 428 | 269 |
| 长宁区 | 0 | 0 | 0 | 0 |
| 静安区 | 55 | 15 | 27 | 12 |
| 普陀区 | 0 | 0 | 0 | 0 |
| 虹口区 | 0 | 0 | 0 | 0 |
| 杨浦区 | 0 | 0 | 0 | 0 |
| 闵行区 | 72 | 19 | 43 | 9 |
| 宝山区 | 0 | 0 | 0 | 0 |
| 嘉定区 | 0 | 0 | 0 | 0 |
| 浦东新区 | 0 | 0 | 0 | 0 |
| 金山区 | 0 | 0 | 0 | 0 |
| 松江区 | 0 | 0 | 0 | 0 |
| 青浦区 | 0 | 0 | 0 | 0 |
| 奉贤区 | 52 | 18 | 25 | 7 |
| 崇明区 | 0 | 0 | 0 | 0 |
| 按服务行业分 | | | | |
| 农、林、牧、渔业 | 52 | 18 | 25 | 7 |
| 制造业 | 12 | 3 | 5 | 3 |
| 租赁和商务服务业 | 43 | 12 | 22 | 9 |
| 科学研究、技术服务和地质勘查业 | 224 | 64 | 108 | 48 |
| 卫生、社会保障和社会福利业 | 60 | 6 | 26 | 21 |
| 文化、体育和娱乐业 | 733 | 163 | 342 | 212 |

5－3　续表1

| | 从事科技活动人员（人） | #博士毕业 | #硕士毕业 | #本科毕业 | #大专毕业 |
|---|---|---|---|---|---|
| 总计 | 1124 | 60 | 311 | 612 | 117 |
| 按隶属关系分 | | | | | |
| 地方县以上属 | 1052 | 56 | 288 | 570 | 114 |
| 中央部门属 | 72 | 4 | 23 | 42 | 3 |
| 按学科分 | | | | | |
| 工程与技术科学基础学科 | 111 | 4 | 43 | 57 | 7 |
| 机械工程 | 12 | 0 | 0 | 9 | 3 |
| 化学工程 | 29 | 1 | 9 | 14 | 5 |
| 食品科学技术 | 0 | 0 | 0 | 0 | 0 |
| 航空、航天科学技术 | 72 | 4 | 23 | 42 | 3 |
| 图书馆、情报与文献学 | 900 | 51 | 236 | 490 | 99 |
| 按所在地分 | | | | | |
| 黄浦区 | 12 | 0 | 1 | 6 | 4 |
| 徐汇区 | 933 | 36 | 241 | 530 | 105 |
| 长宁区 | 0 | 0 | 0 | 0 | 0 |
| 静安区 | 55 | 4 | 18 | 29 | 4 |
| 普陀区 | 0 | 0 | 0 | 0 | 0 |
| 虹口区 | 0 | 0 | 0 | 0 | 0 |
| 杨浦区 | 0 | 0 | 0 | 0 | 0 |
| 闵行区 | 72 | 4 | 23 | 42 | 3 |
| 宝山区 | 0 | 0 | 0 | 0 | 0 |
| 嘉定区 | 0 | 0 | 0 | 0 | 0 |
| 浦东新区 | 0 | 0 | 0 | 0 | 0 |
| 金山区 | 0 | 0 | 0 | 0 | 0 |
| 松江区 | 0 | 0 | 0 | 0 | 0 |
| 青浦区 | 0 | 0 | 0 | 0 | 0 |
| 奉贤区 | 52 | 16 | 28 | 5 | 1 |
| 崇明区 | 0 | 0 | 0 | 0 | 0 |
| 按服务行业分 | | | | | |
| 农、林、牧、渔业 | 52 | 16 | 28 | 5 | 1 |
| 制造业 | 12 | 0 | 0 | 9 | 3 |
| 租赁和商务服务业 | 43 | 4 | 18 | 20 | 1 |
| 科学研究、技术服务和地质勘查业 | 224 | 9 | 76 | 119 | 19 |
| 卫生、社会保障和社会福利业 | 60 | 12 | 24 | 19 | 3 |
| 文化、体育和娱乐业 | 733 | 19 | 165 | 440 | 90 |

| | 从事科技活动人员（人） | 科技管理人员 | 课题活动人员 | 科技服务人员 |
|---|---|---|---|---|
| 总计 | 1124 | 88 | 216 | 820 |
| 按隶属关系分 | | | | |
| 地方县以上属 | 1052 | 75 | 160 | 817 |
| 中央部门属 | 72 | 13 | 56 | 3 |
| 按学科分 | | | | |
| 工程与技术科学基础学科 | 111 | 28 | 31 | 52 |
| 机械工程 | 12 | 1 | 11 | 0 |
| 化学工程 | 29 | 6 | 20 | 3 |
| 食品科学技术 | 0 | 0 | 0 | 0 |
| 航空、航天科学技术 | 72 | 13 | 56 | 3 |
| 图书馆、情报与文献学 | 900 | 40 | 98 | 762 |
| 按所在地分 | | | | |
| 黄浦区 | 12 | 2 | 6 | 4 |
| 徐汇区 | 933 | 66 | 79 | 788 |
| 长宁区 | 0 | 0 | 0 | 0 |
| 静安区 | 55 | 3 | 48 | 4 |
| 普陀区 | 0 | 0 | 0 | 0 |
| 虹口区 | 0 | 0 | 0 | 0 |
| 杨浦区 | 0 | 0 | 0 | 0 |
| 闵行区 | 72 | 13 | 56 | 3 |
| 宝山区 | 0 | 0 | 0 | 0 |
| 嘉定区 | 0 | 0 | 0 | 0 |
| 浦东新区 | 0 | 0 | 0 | 0 |
| 金山区 | 0 | 0 | 0 | 0 |
| 松江区 | 0 | 0 | 0 | 0 |
| 青浦区 | 0 | 0 | 0 | 0 |
| 奉贤区 | 52 | 4 | 27 | 21 |
| 崇明区 | 0 | 0 | 0 | 0 |
| 按服务行业分 | | | | |
| 农、林、牧、渔业 | 52 | 4 | 27 | 21 |
| 制造业 | 12 | 1 | 11 | 0 |
| 租赁和商务服务业 | 43 | 2 | 37 | 4 |
| 科学研究、技术服务和地质勘查业 | 224 | 49 | 113 | 62 |
| 卫生、社会保障和社会福利业 | 60 | 4 | 28 | 28 |
| 文化、体育和娱乐业 | 733 | 28 | 0 | 705 |

# 5－4 科学技术信息与文献机构经常费收入情况

（2017 年）

| | 经常费收入总额（千元） | 科技活动收入 | 经营收入 | 其他收入 |
|---|---|---|---|---|
| 总计 | 790053 | 772888 | 1951 | 15214 |
| 按隶属关系分 | | | | |
| 地方县以上属 | 747873 | 731058 | 1951 | 14864 |
| 中央部门属 | 42180 | 41830 | 0 | 350 |
| 按学科分 | | | | |
| 工程与技术科学基础学科 | 103064 | 94455 | 0 | 8609 |
| 机械工程 | 3944 | 3749 | 0 | 195 |
| 化学工程 | 17429 | 17350 | 0 | 79 |
| 食品科学技术 | 0 | 0 | 0 | 0 |
| 航空、航天科学技术 | 42180 | 41830 | 0 | 350 |
| 图书馆、情报与文献学 | 623436 | 615504 | 1951 | 5981 |
| 按所在地分 | | | | |
| 黄浦区 | 3252 | 3162 | 0 | 90 |
| 徐汇区 | 696527 | 680125 | 1951 | 14451 |
| 长宁区 | 0 | 0 | 0 | 0 |
| 静安区 | 31434 | 31239 | 0 | 195 |
| 普陀区 | 0 | 0 | 0 | 0 |
| 虹口区 | 0 | 0 | 0 | 0 |
| 杨浦区 | 0 | 0 | 0 | 0 |
| 闵行区 | 42180 | 41830 | 0 | 350 |
| 宝山区 | 0 | 0 | 0 | 0 |
| 嘉定区 | 0 | 0 | 0 | 0 |
| 浦东新区 | 0 | 0 | 0 | 0 |
| 金山区 | 0 | 0 | 0 | 0 |
| 松江区 | 0 | 0 | 0 | 0 |
| 青浦区 | 0 | 0 | 0 | 0 |
| 奉贤区 | 16660 | 16532 | 0 | 128 |
| 崇明区 | 0 | 0 | 0 | 0 |
| 按服务行业分 | | | | |
| 农、林、牧、渔业 | 16660 | 16532 | 0 | 128 |
| 制造业 | 3944 | 3749 | 0 | 195 |
| 租赁和商务服务业 | 27490 | 27490 | 0 | 0 |
| 科学研究、技术服务和地质勘查业 | 165925 | 156797 | 0 | 9128 |
| 卫生、社会保障和社会福利业 | 46161 | 45862 | 0 | 299 |
| 文化、体育和娱乐业 | 529873 | 522458 | 1951 | 5464 |

# 5－5 科学技术信息与文献机构科技活动收入情况

**(2017年)**

| | 科技活动收入(千元) | 政府资金 | 非政府资金 |
|---|---|---|---|
| 总计 | 772888 | 608704 | 164184 |
| 按隶属关系分 | | | |
| 地方县以上属 | 731058 | 595394 | 135664 |
| 中央部门属 | 41830 | 13310 | 28520 |
| 按学科分 | | | |
| 工程与技术科学基础学科 | 94455 | 66931 | 27524 |
| 机械工程 | 3749 | 3711 | 38 |
| 化学工程 | 17350 | 7673 | 9677 |
| 食品科学技术 | 0 | 0 | 0 |
| 航空、航天科学技术 | 41830 | 13310 | 28520 |
| 图书馆、情报与文献学 | 615504 | 517079 | 98425 |
| 按所在地分 | | | |
| 黄浦区 | 3162 | 2989 | 173 |
| 徐汇区 | 680125 | 554414 | 125711 |
| 长宁区 | 0 | 0 | 0 |
| 静安区 | 31239 | 23567 | 7672 |
| 普陀区 | 0 | 0 | 0 |
| 虹口区 | 0 | 0 | 0 |
| 杨浦区 | 0 | 0 | 0 |
| 闵行区 | 41830 | 13310 | 28520 |
| 宝山区 | 0 | 0 | 0 |
| 嘉定区 | 0 | 0 | 0 |
| 浦东新区 | 0 | 0 | 0 |
| 金山区 | 0 | 0 | 0 |
| 松江区 | 0 | 0 | 0 |
| 青浦区 | 0 | 0 | 0 |
| 奉贤区 | 16532 | 14424 | 2108 |
| 崇明区 | 0 | 0 | 0 |
| 按服务行业分 | | | |
| 农、林、牧、渔业 | 16532 | 14424 | 2108 |
| 制造业 | 3749 | 3711 | 38 |
| 租赁和商务服务业 | 27490 | 19856 | 7634 |
| 科学研究、技术服务和地质勘查业 | 156797 | 90903 | 65894 |
| 卫生、社会保障和社会福利业 | 45862 | 27348 | 18514 |
| 文化、体育和娱乐业 | 522458 | 452462 | 69996 |

# 5－6 科学技术信息与文献机构政府拨款情况

（2017 年）

| | 政府资金（千元） | #财政补助拨款 | #承担政府科研项目收入 | #来自地方政府的资金 |
|---|---|---|---|---|
| 总计 | 608704 | 596927 | 11777 | 592978 |
| 按隶属关系分 | | | | |
| 地方县以上属 | 595394 | 583617 | 11777 | 592978 |
| 中央部门属 | 13310 | 13310 | 0 | 0 |
| 按学科分 | | | | |
| 工程与技术科学基础学科 | 66931 | 66931 | 0 | 66931 |
| 机械工程 | 3711 | 3711 | 0 | 3711 |
| 化学工程 | 7673 | 7237 | 436 | 7673 |
| 食品科学技术 | 0 | 0 | 0 | 0 |
| 航空、航天科学技术 | 13310 | 13310 | 0 | 0 |
| 图书馆、情报与文献学 | 517079 | 505738 | 11341 | 514663 |
| 按所在地分 | | | | |
| 黄浦区 | 2989 | 2989 | 0 | 2989 |
| 徐汇区 | 554414 | 545020 | 9394 | 554414 |
| 长宁区 | 0 | 0 | 0 | 0 |
| 静安区 | 23567 | 23567 | 0 | 23534 |
| 普陀区 | 0 | 0 | 0 | 0 |
| 虹口区 | 0 | 0 | 0 | 0 |
| 杨浦区 | 0 | 0 | 0 | 0 |
| 闵行区 | 13310 | 13310 | 0 | 0 |
| 宝山区 | 0 | 0 | 0 | 0 |
| 嘉定区 | 0 | 0 | 0 | 0 |
| 浦东新区 | 0 | 0 | 0 | 0 |
| 金山区 | 0 | 0 | 0 | 0 |
| 松江区 | 0 | 0 | 0 | 0 |
| 青浦区 | 0 | 0 | 0 | 0 |
| 奉贤区 | 14424 | 12041 | 2383 | 12041 |
| 崇明区 | 0 | 0 | 0 | 0 |
| 按服务行业分 | | | | |
| 农、林、牧、渔业 | 14424 | 12041 | 2383 | 12041 |
| 制造业 | 3711 | 3711 | 0 | 3711 |
| 租赁和商务服务业 | 19856 | 19856 | 0 | 19823 |
| 科学研究、技术服务和地质勘查业 | 90903 | 90467 | 436 | 77593 |
| 卫生、社会保障和社会福利业 | 27348 | 27348 | 0 | 27348 |
| 文化、体育和娱乐业 | 452462 | 443504 | 8958 | 452462 |

# 5－7 科学技术信息与文献机构非政府资金情况

（2017 年）

| | 非政府资金（千元） | #技术性收入 | #来自企业 | #国外资金 |
|---|---|---|---|---|
| 总计 | 164184 | 51907 | 44127 | 0 |
| 按隶属关系分 | | | | |
| 地方县以上属 | 135664 | 51907 | 44127 | 0 |
| 中央部门属 | 28520 | 0 | 0 | 0 |
| 按学科分 | | | | |
| 工程与技术科学基础学科 | 27524 | 26639 | 26639 | 0 |
| 机械工程 | 38 | 38 | 0 | 0 |
| 化学工程 | 9677 | 9677 | 9677 | 0 |
| 食品科学技术 | 0 | 0 | 0 | 0 |
| 航空、航天科学技术 | 28520 | 0 | 0 | 0 |
| 图书馆、情报与文献学 | 98425 | 15553 | 7811 | 0 |
| 按所在地分 | | | | |
| 黄浦区 | 173 | 173 | 173 | 0 |
| 徐汇区 | 125711 | 41954 | 41954 | 0 |
| 长宁区 | 0 | 0 | 0 | 0 |
| 静安区 | 7672 | 7672 | 0 | 0 |
| 普陀区 | 0 | 0 | 0 | 0 |
| 虹口区 | 0 | 0 | 0 | 0 |
| 杨浦区 | 0 | 0 | 0 | 0 |
| 闵行区 | 28520 | 0 | 0 | 0 |
| 宝山区 | 0 | 0 | 0 | 0 |
| 嘉定区 | 0 | 0 | 0 | 0 |
| 浦东新区 | 0 | 0 | 0 | 0 |
| 金山区 | 0 | 0 | 0 | 0 |
| 松江区 | 0 | 0 | 0 | 0 |
| 青浦区 | 0 | 0 | 0 | 0 |
| 奉贤区 | 2108 | 2108 | 2000 | 0 |
| 崇明区 | 0 | 0 | 0 | 0 |
| 按服务行业分 | | | | |
| 农、林、牧、渔业 | 2108 | 2108 | 2000 | 0 |
| 制造业 | 38 | 38 | 0 | 0 |
| 租赁和商务服务业 | 7634 | 7634 | 0 | 0 |
| 科学研究、技术服务和地质勘查业 | 65894 | 36489 | 36489 | 0 |
| 卫生、社会保障和社会福利业 | 18514 | 5638 | 5638 | 0 |
| 文化、体育和娱乐业 | 69996 | 0 | 0 | 0 |

# 5－8 科学技术信息与文献机构经常费内部支出情况

**（2017 年）**

| | 经常费内部支出总额（千元） | 科技活动经费内部支出 | 经营活动支出 | 其他活动支出 |
|---|---|---|---|---|
| 总计 | 745840 | 727950 | 1448 | 16442 |
| 按隶属关系分 | | | | |
| 地方县以上属 | 704691 | 693511 | 1448 | 9732 |
| 中央部门属 | 41149 | 34439 | 0 | 6710 |
| 按学科分 | | | | |
| 工程与技术科学基础学科 | 84788 | 75657 | 0 | 9131 |
| 机械工程 | 3936 | 3582 | 0 | 354 |
| 化学工程 | 14806 | 14679 | 0 | 127 |
| 食品科学技术 | 0 | 0 | 0 | 0 |
| 航空、航天科学技术 | 41149 | 34439 | 0 | 6710 |
| 图书馆、情报与文献学 | 601161 | 599593 | 1448 | 120 |
| 按所在地分 | | | | |
| 黄浦区 | 3141 | 3051 | 0 | 90 |
| 徐汇区 | 653778 | 643081 | 1439 | 9258 |
| 长宁区 | 0 | 0 | 0 | 0 |
| 静安区 | 29353 | 28969 | 0 | 384 |
| 普陀区 | 0 | 0 | 0 | 0 |
| 虹口区 | 0 | 0 | 0 | 0 |
| 杨浦区 | 0 | 0 | 0 | 0 |
| 闵行区 | 41149 | 34439 | 0 | 6710 |
| 宝山区 | 0 | 0 | 0 | 0 |
| 嘉定区 | 0 | 0 | 0 | 0 |
| 浦东新区 | 0 | 0 | 0 | 0 |
| 金山区 | 0 | 0 | 0 | 0 |
| 松江区 | 0 | 0 | 0 | 0 |
| 青浦区 | 0 | 0 | 0 | 0 |
| 奉贤区 | 18419 | 18410 | 9 | 0 |
| 崇明区 | 0 | 0 | 0 | 0 |
| 按服务行业分 | | | | |
| 农、林、牧、渔业 | 18419 | 18410 | 9 | 0 |
| 制造业 | 3936 | 3582 | 0 | 354 |
| 租赁和商务服务业 | 25417 | 25387 | 0 | 30 |
| 科学研究、技术服务和地质勘查业 | 143884 | 127826 | 0 | 16058 |
| 卫生、社会保障和社会福利业 | 48964 | 48964 | 0 | 0 |
| 文化、体育和娱乐业 | 505220 | 503781 | 1439 | 0 |

# 5-9 科学技术信息与文献机构科技活动经费内部支出情况

（2017 年）

| | 科技活动经费内部支出（千元） | 人员劳务费 | 设备购置费 | 其他日常支出 |
|---|---|---|---|---|
| 总计 | 727950 | 285158 | 13072 | 429720 |
| 按隶属关系分 | | | | |
| 地方县以上属 | 693511 | 270978 | 11582 | 410951 |
| 中央部门属 | 34439 | 14180 | 1490 | 18769 |
| 按学科分 | | | | |
| 工程与技术科学基础学科 | 75657 | 33956 | 2493 | 39208 |
| 机械工程 | 3582 | 3150 | 0 | 432 |
| 化学工程 | 14679 | 10903 | 855 | 2921 |
| 食品科学技术 | 0 | 0 | 0 | 0 |
| 航空、航天科学技术 | 34439 | 14180 | 1490 | 18769 |
| 图书馆、情报与文献学 | 599593 | 222969 | 8234 | 368390 |
| 按所在地分 | | | | |
| 黄浦区 | 3051 | 2168 | 0 | 883 |
| 徐汇区 | 643081 | 250585 | 9034 | 383462 |
| 长宁区 | 0 | 0 | 0 | 0 |
| 静安区 | 28969 | 6650 | 1800 | 20519 |
| 普陀区 | 0 | 0 | 0 | 0 |
| 虹口区 | 0 | 0 | 0 | 0 |
| 杨浦区 | 0 | 0 | 0 | 0 |
| 闵行区 | 34439 | 14180 | 1490 | 18769 |
| 宝山区 | 0 | 0 | 0 | 0 |
| 嘉定区 | 0 | 0 | 0 | 0 |
| 浦东新区 | 0 | 0 | 0 | 0 |
| 金山区 | 0 | 0 | 0 | 0 |
| 松江区 | 0 | 0 | 0 | 0 |
| 青浦区 | 0 | 0 | 0 | 0 |
| 奉贤区 | 18410 | 11575 | 748 | 6087 |
| 崇明区 | 0 | 0 | 0 | 0 |
| 按服务行业分 | | | | |
| 农、林、牧、渔业 | 18410 | 11575 | 748 | 6087 |
| 制造业 | 3582 | 3150 | 0 | 432 |
| 租赁和商务服务业 | 25387 | 3500 | 1800 | 20087 |
| 科学研究、技术服务和地质勘查业 | 127826 | 61207 | 4838 | 61781 |
| 卫生、社会保障和社会福利业 | 48964 | 13726 | 516 | 34722 |
| 文化、体育和娱乐业 | 503781 | 192000 | 5170 | 306611 |

## 5－10 科学技术信息与文献机构其他支出情况

**（2017 年）**

| | 经营活动支出（千元） | #经营税金 | 其他活动支出（千元） | 外部支出总额（千元） | #科技活动经费外部支出 |
|---|---|---|---|---|---|
| 总计 | 1448 | 9 | 16442 | 0 | 0 |
| 按隶属关系分 | | | | | |
| 地方县以上属 | 1448 | 9 | 9732 | 0 | 0 |
| 中央部门属 | 0 | 0 | 6710 | 0 | 0 |
| 按学科分 | | | | | |
| 工程与技术科学基础学科 | 0 | 0 | 9131 | 0 | 0 |
| 机械工程 | 0 | 0 | 354 | 0 | 0 |
| 化学工程 | 0 | 0 | 127 | 0 | 0 |
| 食品科学技术 | 0 | 0 | 0 | 0 | 0 |
| 航空、航天科学技术 | 0 | 0 | 6710 | 0 | 0 |
| 图书馆、情报与文献学 | 1448 | 9 | 120 | 0 | 0 |
| 按所在地分 | | | | | |
| 黄浦区 | 0 | 0 | 90 | 0 | 0 |
| 徐汇区 | 1439 | 0 | 9258 | 0 | 0 |
| 长宁区 | 0 | 0 | 0 | 0 | 0 |
| 静安区 | 0 | 0 | 384 | 0 | 0 |
| 普陀区 | 0 | 0 | 0 | 0 | 0 |
| 虹口区 | 0 | 0 | 0 | 0 | 0 |
| 杨浦区 | 0 | 0 | 0 | 0 | 0 |
| 闵行区 | 0 | 0 | 6710 | 0 | 0 |
| 宝山区 | 0 | 0 | 0 | 0 | 0 |
| 嘉定区 | 0 | 0 | 0 | 0 | 0 |
| 浦东新区 | 0 | 0 | 0 | 0 | 0 |
| 金山区 | 0 | 0 | 0 | 0 | 0 |
| 松江区 | 0 | 0 | 0 | 0 | 0 |
| 青浦区 | 0 | 0 | 0 | 0 | 0 |
| 奉贤区 | 9 | 9 | 0 | 0 | 0 |
| 崇明区 | 0 | 0 | 0 | 0 | 0 |
| 按服务行业分 | | | | | |
| 农、林、牧、渔业 | 9 | 9 | 0 | 0 | 0 |
| 制造业 | 0 | 0 | 354 | 0 | 0 |
| 租赁和商务服务业 | 0 | 0 | 30 | 0 | 0 |
| 科学研究、技术服务和地质勘查业 | 0 | 0 | 16058 | 0 | 0 |
| 卫生、社会保障和社会福利业 | 0 | 0 | 0 | 0 | 0 |
| 文化、体育和娱乐业 | 1439 | 0 | 0 | 0 | 0 |

# 5－11 科学技术信息与文献机构固定资产情况

（2017年）

| | 固定资产原价（千元） | #科研房屋建筑物 | #科研仪器设备 | #进口 |
|---|---|---|---|---|
| 总计 | 3058718 | 629802 | 265539 | 3610 |
| 按隶属关系分 | | | | |
| 地方县以上属 | 3005658 | 590242 | 255719 | 0 |
| 中央部门属 | 53060 | 39560 | 9820 | 3610 |
| 按学科分 | | | | |
| 工程与技术科学基础学科 | 109328 | 16774 | 0 | 0 |
| 机械工程 | 1720 | 0 | 0 | 0 |
| 化学工程 | 9777 | 0 | 0 | 0 |
| 食品科学技术 | 0 | 0 | 0 | 0 |
| 航空、航天科学技术 | 53060 | 39560 | 9820 | 3610 |
| 图书馆、情报与文献学 | 2884833 | 573468 | 255719 | 0 |
| 按所在地分 | | | | |
| 黄浦区 | 256 | 256 | 0 | 0 |
| 徐汇区 | 2974995 | 588594 | 239111 | 0 |
| 长宁区 | 0 | 0 | 0 | 0 |
| 静安区 | 15495 | 752 | 9021 | 0 |
| 普陀区 | 0 | 0 | 0 | 0 |
| 虹口区 | 0 | 0 | 0 | 0 |
| 杨浦区 | 0 | 0 | 0 | 0 |
| 闵行区 | 53060 | 39560 | 9820 | 3610 |
| 宝山区 | 0 | 0 | 0 | 0 |
| 嘉定区 | 0 | 0 | 0 | 0 |
| 浦东新区 | 0 | 0 | 0 | 0 |
| 金山区 | 0 | 0 | 0 | 0 |
| 松江区 | 0 | 0 | 0 | 0 |
| 青浦区 | 0 | 0 | 0 | 0 |
| 奉贤区 | 14912 | 640 | 7587 | 0 |
| 崇明区 | 0 | 0 | 0 | 0 |
| 按服务行业分 | | | | |
| 农、林、牧、渔业 | 14912 | 640 | 7587 | 0 |
| 制造业 | 1720 | 0 | 0 | 0 |
| 租赁和商务服务业 | 13775 | 752 | 9021 | 0 |
| 科学研究、技术服务和地质勘查业 | 172421 | 56590 | 9820 | 3610 |
| 卫生、社会保障和社会福利业 | 5632 | 0 | 0 | 0 |
| 文化、体育和娱乐业 | 2850258 | 571820 | 239111 | 0 |

# 5-12 科学技术信息与文献机构论文与专利情况

**(2017 年)**

| | 发表科技论文(篇) | #国外发表 | 出版科技著作(种) | 专利申请受理数(件) | 专利授权数(件) | 有效发明专利数(件) |
|---|---|---|---|---|---|---|
| 总计 | 155 | 12 | 17 | 5 | 3 | 5 |
| 按隶属关系分 | | | | | | |
| 地方县以上属 | 155 | 12 | 17 | 3 | 3 | 0 |
| 中央部门属 | 0 | 0 | 0 | 2 | 0 | 5 |
| 按学科分 | | | | | | |
| 工程与技术科学基础学科 | 21 | 0 | 0 | 0 | 0 | 0 |
| 机械工程 | 0 | 0 | 0 | 0 | 0 | 0 |
| 化学工程 | 1 | 0 | 0 | 0 | 0 | 0 |
| 食品科学技术 | 0 | 0 | 0 | 0 | 0 | 0 |
| 航空、航天科学技术 | 0 | 0 | 0 | 2 | 0 | 5 |
| 图书馆、情报与文献学 | 133 | 12 | 17 | 3 | 3 | 0 |
| 按所在地分 | | | | | | |
| 黄浦区 | 3 | 0 | 0 | 0 | 0 | 0 |
| 徐汇区 | 117 | 7 | 6 | 0 | 0 | 0 |
| 长宁区 | 0 | 0 | 0 | 0 | 0 | 0 |
| 静安区 | 8 | 5 | 6 | 0 | 0 | 0 |
| 普陀区 | 0 | 0 | 0 | 0 | 0 | 0 |
| 闸北区 | 0 | 0 | 0 | 0 | 0 | 0 |
| 虹口区 | 0 | 0 | 0 | 0 | 0 | 0 |
| 杨浦区 | 0 | 0 | 0 | 2 | 0 | 5 |
| 闵行区 | 0 | 0 | 0 | 0 | 0 | 0 |
| 宝山区 | 0 | 0 | 0 | 0 | 0 | 0 |
| 嘉定区 | 0 | 0 | 0 | 0 | 0 | 0 |
| 浦东新区 | 0 | 0 | 0 | 0 | 0 | 0 |
| 金山区 | 0 | 0 | 0 | 0 | 0 | 0 |
| 松江区 | 0 | 0 | 0 | 0 | 0 | 0 |
| 青浦区 | 27 | 0 | 5 | 3 | 3 | 0 |
| 奉贤区 | 0 | 0 | 0 | 0 | 0 | 0 |
| 崇明区 | 0 | 0 | 0 | 0 | 0 | 0 |
| 按服务行业分 | | | | | | |
| 农、林、牧、渔业 | 27 | 0 | 5 | 3 | 3 | 0 |
| 制造业 | 0 | 0 | 0 | 0 | 0 | 0 |
| 租赁和商务服务业 | 8 | 5 | 6 | 0 | 0 | 0 |
| 科学研究、技术服务和地质勘查业 | 25 | 0 | 0 | 2 | 0 | 5 |
| 卫生、社会保障和社会福利业 | 95 | 7 | 6 | 0 | 0 | 0 |
| 文化、体育和娱乐业 | 0 | 0 | 0 | 0 | 0 | 0 |

# 5－13　科学技术信息与文献机构馆藏情况

（2017 年）

|  | 馆藏累计 | 当年情况 |  |
|---|---|---|---|
|  |  | #新增量 | #剔除量 |
| 图书、资料(册) | 56707488 | 613841 | 2467463 |
| #外文会议录 | 111420 | 0 | 0 |
| 外文科技报告(册) | 288595 | 760 | 0 |
| 期刊(种) | 49494 | 314 | 980 |
| #外文原版期刊 | 22857 | 42 | 356 |
| 缩微制品(盒、张) | 12359276 | 0 | 0 |
| 音像制品(盒、张) | 272727 | 642 | 0 |
| 电子期刊(种) | 65737 | 179 | 3 |

# 5－14　科学技术信息与文献机构数据库情况

（2017 年）

|  | 数据库(个) | 数据记录量(万条) |  |
|---|---|---|---|
|  |  | 总量 | 当年更新量 |
| 引进国外数据库 |  |  |  |
| 书目文摘型 | 54 | 11673 | 3076 |
| 全文文献型 | 207 | 2594 | 748 |
| 数值型 | 9 | 0 | 0 |
| 多媒体型 | 1 | 0 | 0 |
| 引进国内数据库 |  |  |  |
| 书目文摘型 | 17 | 10540 | 453 |
| 全文文献型 | 87 | 58343 | 13331 |
| 数值型 | 0 | 0 | 0 |
| 多媒体型 | 2 | 3 | 0 |
| 自建数据库 |  |  |  |
| 书目文摘型 | 35 | 1781 | 15 |
| 全文文献型 | 27 | 12485 | 198 |
| 数值型 | 3 | 5 | 0 |
| 多媒体型 | 4 | 2 | 0 |

## 5－15　科学技术信息与文献机构信息和文献基础设施情况

（2017 年）

| | 累计总量 | 当年情况 | |
|---|---|---|---|
| | | #新增量 | #报废量 |
| 计算机有关设备（台） | 3611 | 244 | 251 |
| #大、中型机 | 127 | 10 | 0 |
| #小型机 | 58 | 0 | 15 |
| #微机 | 2726 | 177 | 179 |
| #终端 | 380 | 55 | 13 |
| #扫描设备 | 306 | 2 | 44 |
| 复印机（台） | 96 | 4 | 18 |
| 摄、录像机（台） | 97 | 11 | 0 |
| 印刷设备（台） | 1 | 0 | 1 |
| 自建网络（个） | | | |
| 网络数 | 24 | — | — |
| 网上用户数 | 211512 | — | — |
| 对外联网网上用户数（个） | | | |
| DIALOG | 0 | — | — |
| STN | 0 | — | — |
| OCLC | 0 | — | — |
| INTERNET | 2269 | — | — |
| 其他 | 0 | — | — |

## 5－16　科学技术信息与文献机构信息服务与文献工作情况

（2017 年）

| | | | |
|---|---|---|---|
| 阅览（人次） | 13151 | 文献信息加工 | |
| 外借（人次） | 1000484 | 文摘（篇） | 1132 |
| （册次） | 4626843 | 数据库数据加工（条） | 455638 |
| 资料复制（千页） | 4038 | 翻译 | |
| 读者咨询（人次） | 701707 | 中译外（万字） | 785332 |
| 缩微制作（张、卷） | 0 | 外译中（万字） | 684086 |
| 课题检索（个） | 341 | 出版印刷 | |
| 查新（项） | 3980 | 图书、资料（万字） | 181 |
| 专题咨询服务（次） | 1390 | 连续出版物（万字） | 1117 |
| 信息分析研究报告（篇） | 562 | #电子版（种） | 51 |
| 声像制作（部） | 6 | 科技报告（种） | 70 |

## 5－17　科学技术信息与文献机构电子信息利用情况

**（2017 年）**

| | 次数（次） | 机时（小时） | 信息量（兆字节） |
|---|---|---|---|
| 数据库检索 | 11594854 | 290851 | 947042 |
| 网络信息检索 | 3335299 | 420491 | 1264677 |
| 电子期刊利用 | 1238785 | 146374 | 356603 |
| 从网上获取信息 | 1888424 | 94525 | 10080329 |
| 向网上发布信息 | 28967 | 40738 | 113478 |

## 5－18　科学技术信息与文献机构课题情况

**（2017 年）**

| | 课题数合计（项） | 投入人力（人年） | #研究人员 | 经费内部支出（千元） | #政府资金 |
|---|---|---|---|---|---|
| 总计 | 180 | 302.2 | 280.8 | 43183 | 41404 |
| 按隶属关系分 | | | | | |
| 地方县以上属 | 178 | 230.2 | 222.8 | 24013 | 22234 |
| 中央部门属 | 2 | 72.0 | 58.0 | 19170 | 19170 |
| 按课题来源分 | | | | | |
| 国家科技项目 | 11 | 90.1 | 75.9 | 19418 | 19418 |
| 地方科技项目 | 98 | 141.0 | 139.0 | 18298 | 18081 |
| 企业委托科技项目 | 18 | 25.5 | 24.0 | 1951 | 632 |
| 自选课题 | 2 | 1.2 | 1.2 | 0 | 0 |
| 国际合作课题 | 0 | 0 | 0 | 0 | 0 |
| 其他科技项目 | 51 | 44.4 | 40.7 | 3516 | 3273 |
| 按课题类型分 | | | | | |
| 基础研究 | 0 | 0 | 0 | 0 | 0 |
| 应用研究 | 10 | 12.0 | 12.0 | 695 | 695 |
| 试验发展 | 20 | 28.2 | 28.2 | 6970 | 6970 |
| 研究与试验发展成果应用 | 8 | 19.5 | 19.5 | 1834 | 1834 |
| 科技服务 | 142 | 242.5 | 221.1 | 33684 | 31905 |
| 按学科领域分 | | | | | |
| 自然科学 | 15 | 38.0 | 38.0 | 2970 | 2950 |
| 农业科学 | 51 | 65.0 | 65.0 | 12779 | 12779 |
| 医学科学 | 56 | 42.9 | 37.0 | 3689 | 3589 |
| 工程科学与技术 | 47 | 135.3 | 119.8 | 21984 | 20702 |
| 社会人文科学 | 11 | 21.0 | 21.0 | 1760 | 1383 |

5－18　续表

| | 课题数合计（项） | 投入人力（人年） | #研究人员 | 经费内部支出（千元） | #政府资金 |
|---|---|---|---|---|---|
| 按技术领域分 | | | | | |
| 信息技术 | 73 | 64.5 | 58.6 | 9318 | 9192 |
| 生物技术和现代农业技术 | 36 | 48.4 | 48.4 | 7357 | 7257 |
| 新材料技术 | 4 | 4.0 | 4.0 | 168 | 0 |
| 能源技术 | 1 | 1.5 | 1.5 | 160 | 0 |
| 激光技术 | 0 | 0 | 0 | 0 | 0 |
| 先进制造与自动化技术 | 2 | 9.5 | 9.0 | 470 | 450 |
| 航天技术 | 0 | 0 | 0 | 0 | 0 |
| 资源与环境技术 | 1 | 2.0 | 2.0 | 100 | 100 |
| 其他技术领域 | 54 | 149.3 | 134.3 | 23926 | 22721 |
| 非技术领域 | 9 | 23.0 | 23.0 | 1684 | 1684 |
| 按社会经济目标分 | | | | | |
| 环境保护、生态建设及污染防治 | 0 | 0 | 0 | 0 | 0 |
| 能源生产、分配和合理利用 | 1 | 1.5 | 1.5 | 160 | 0 |
| 卫生事业发展 | 52 | 40.9 | 35.5 | 3402 | 3302 |
| 教育事业发展 | 3 | 4.5 | 4.5 | 270 | 173 |
| 基础设施以及城市和农村规划 | 2 | 2.0 | 2.0 | 149 | 149 |
| 社会发展和社会服务 | 40 | 70.7 | 70.2 | 3782 | 3606 |
| 地球和大气层的探索与利用 | 0 | 0 | 0 | 0 | 0 |
| 民用空间的探测及开发 | 0 | 0 | 0 | 0 | 0 |
| 促进农林牧渔业发展 | 48 | 61.2 | 61.2 | 11898 | 11848 |
| 工商业发展 | 26 | 41.4 | 40.9 | 3778 | 2695 |
| 非定向研究 | 0 | 0 | 0 | 0 | 0 |
| 其他民用目标 | 6 | 8.0 | 7.0 | 575 | 462 |
| 国防 | 2 | 72.0 | 58.0 | 19170 | 19170 |
| 按合作形式分 | | | | | |
| 与境外机构合作 | 0 | 0 | 0 | 0 | 0 |
| 与国内高校合作 | 1 | 2.0 | 2.0 | 0 | 0 |
| 与国内独立研究机构合作 | 4 | 4.1 | 3.6 | 452 | 432 |
| 与境内注册的外商独资企业合作 | 0 | 0 | 0 | 0 | 0 |
| 与境内注册的其他企业合作 | 15 | 19.2 | 19.2 | 1364 | 551 |
| 独立研究 | 154 | 267.9 | 247.0 | 41296 | 40350 |
| 其他 | 6 | 9.0 | 9.0 | 71 | 71 |

## （二）区、县属研究与开发机构

### 5－19　区、县属研究与开发机构从业人员情况

（2017 年）

| | 机构数（个） | 从业人员（人） | 从事科技活动人员 | #女性 | 从事生产、经营活动人员 | 其他人员 |
|---|---|---|---|---|---|---|
| 总计 | 16 | 887 | 760 | 362 | 43 | 84 |
| 按所在地分 | | | | | | |
| 黄浦区 | 1 | 36 | 31 | 15 | 0 | 5 |
| 宝山区 | 2 | 56 | 47 | 26 | 0 | 9 |
| 嘉定区 | 1 | 87 | 76 | 42 | 7 | 4 |
| 浦东新区 | 2 | 141 | 131 | 51 | 0 | 10 |
| 松江区 | 2 | 82 | 73 | 23 | 0 | 9 |
| 青浦区 | 4 | 281 | 215 | 118 | 35 | 31 |
| 奉贤区 | 3 | 118 | 117 | 49 | 1 | 0 |
| 崇明区 | 1 | 86 | 70 | 38 | 0 | 16 |
| 按服务行业分 | | | | | | |
| 农、林、牧、渔业 | 13 | 668 | 598 | 274 | 8 | 62 |
| 科学研究、技术服务和地质勘查业 | 2 | 112 | 66 | 25 | 35 | 11 |
| 卫生和社会工作 | 1 | 107 | 96 | 63 | 0 | 11 |

## 5－20　区、县属研究与开发机构从事科技活动人员情况

**(2017 年)**

| | 从事科技活动人员（人） | 科技管理人员 | 课题活动人员 | 科技服务人员 |
|---|---|---|---|---|
| 总计 | 760 | 115 | 345 | 300 |
| 按所在地分 | | | | |
| 黄浦区 | 31 | 3 | 28 | 0 |
| 宝山区 | 47 | 12 | 24 | 11 |
| 嘉定区 | 76 | 17 | 30 | 29 |
| 浦东新区 | 131 | 30 | 25 | 76 |
| 松江区 | 73 | 8 | 54 | 11 |
| 青浦区 | 215 | 28 | 130 | 57 |
| 奉贤区 | 117 | 12 | 26 | 79 |
| 崇明区 | 70 | 5 | 28 | 37 |
| 按服务行业分 | | | | |
| 农、林、牧、渔业 | 598 | 94 | 208 | 296 |
| 科学研究、技术服务和地质勘查业 | 66 | 9 | 53 | 4 |
| 卫生和社会工作 | 96 | 12 | 84 | 0 |

# 5－21 区、县属研究与开发机构经常费收入情况

（2017年）

| | 经常费收入总额（千元） | 科技活动收入 | 经营收入 | 其他收入 |
|---|---|---|---|---|
| 总计 | 435933 | 376564 | 36052 | 23317 |
| 按所在地分 | | | | |
| 黄浦区 | 19095 | 19086 | 0 | 9 |
| 宝山区 | 22934 | 21279 | 0 | 1655 |
| 嘉定区 | 50387 | 40520 | 0 | 9867 |
| 浦东新区 | 95138 | 86810 | 0 | 8328 |
| 松江区 | 33135 | 33135 | 0 | 0 |
| 青浦区 | 130220 | 93278 | 36052 | 890 |
| 奉贤区 | 53002 | 50434 | 0 | 2568 |
| 崇明区 | 32022 | 32022 | 0 | 0 |
| 按服务行业分 | | | | |
| 农、林、牧、渔业 | 349830 | 327412 | 0 | 22418 |
| 科学研究、技术服务和地质勘查业 | 56907 | 19956 | 36052 | 899 |
| 卫生和社会工作 | 29196 | 29196 | 0 | 0 |

# 5－22　区、县属研究与开发机构科技活动收入情况

**（2017年）**

| | 科技活动收入（千元） | 政府资金 | 技术性收入 | #来自企业 | 国外资金 | 其他资金 |
|---|---|---|---|---|---|---|
| 总计 | 376564 | 375564 | 1000 | 0 | 0 | 0 |
| 按所在地分 | | | | | | |
| 黄浦区 | 19086 | 19086 | 0 | 0 | 0 | 0 |
| 宝山区 | 21279 | 21279 | 0 | 0 | 0 | 0 |
| 嘉定区 | 40520 | 40520 | 0 | 0 | 0 | 0 |
| 浦东新区 | 86810 | 86810 | 0 | 0 | 0 | 0 |
| 松江区 | 33135 | 33135 | 0 | 0 | 0 | 0 |
| 青浦区 | 93278 | 93278 | 0 | 0 | 0 | 0 |
| 奉贤区 | 50434 | 49434 | 1000 | 0 | 0 | 0 |
| 崇明区 | 32022 | 32022 | 0 | 0 | 0 | 0 |
| 按服务行业分 | | | | | | |
| 农、林、牧、渔业 | 327412 | 326412 | 1000 | 0 | 0 | 0 |
| 科学研究、技术服务和地质勘查业 | 19956 | 19956 | 0 | 0 | 0 | 0 |
| 卫生和社会工作 | 29196 | 29196 | 0 | 0 | 0 | 0 |

# 5－23　区、县属研究与开发机构经常费支出与固定资产情况

（2017 年）

| | 经常费内部支出总额（千元） | 科技活动经费内部支出 | 经营活动支出 | 其他活动支出 |
|---|---|---|---|---|
| 总计 | 431658 | 356499 | 31664 | 43495 |
| 按所在地分 | | | | |
| 黄浦区 | 24697 | 14920 | 0 | 9777 |
| 宝山区 | 20053 | 19260 | 0 | 793 |
| 嘉定区 | 45851 | 28989 | 0 | 16862 |
| 浦东新区 | 87765 | 84235 | 0 | 3530 |
| 松江区 | 33485 | 24006 | 0 | 9479 |
| 青浦区 | 137243 | 104964 | 30161 | 2118 |
| 奉贤区 | 51189 | 48750 | 1503 | 936 |
| 崇明区 | 31375 | 31375 | 0 | 0 |
| 按服务行业分 | | | | |
| 农、林、牧、渔业 | 339061 | 305638 | 1503 | 31920 |
| 科学研究、技术服务和地质勘查业 | 63752 | 23399 | 30161 | 10192 |
| 卫生和社会工作 | 28845 | 27462 | 0 | 1383 |

5－23 续表

| | 科技活动经费内部支出（千元） | 人员劳务费 | 设备购置费 | 其他日常支出 |
|---|---|---|---|---|
| 总计 | 356499 | 198236 | 11673 | 146590 |
| 按所在地分 | | | | |
| 黄浦区 | 14920 | 9848 | 4968 | 104 |
| 宝山区 | 19260 | 11747 | 100 | 7413 |
| 嘉定区 | 28989 | 23242 | 0 | 5747 |
| 浦东新区 | 84235 | 31158 | 459 | 52618 |
| 松江区 | 24006 | 20800 | 165 | 3041 |
| 青浦区 | 104964 | 55340 | 5416 | 44208 |
| 奉贤区 | 48750 | 27588 | 565 | 20597 |
| 崇明区 | 31375 | 18513 | 0 | 12862 |
| 按服务行业分 | | | | |
| 农、林、牧、渔业 | 305638 | 156548 | 6472 | 142618 |
| 科学研究、技术服务和地质勘查业 | 23399 | 17823 | 4968 | 608 |
| 卫生和社会工作 | 27462 | 23865 | 233 | 3364 |

# 5－24 区、县属研究与开发机构课题情况

**(2017 年)**

| | 课题数合计(项) | 投入人力(人年) | #研究人员 | 课题经费内部支出(千元) | #政府资金 |
|---|---|---|---|---|---|
| 总计 | 96 | 406.2 | 165.4 | 92886 | 92786 |
| 按所在地分 | | | | | |
| 黄浦区 | 0 | 0 | 0 | 0 | 0 |
| 宝山区 | 2 | 5.0 | 2.0 | 100 | 100 |
| 嘉定区 | 9 | 37.0 | 10.0 | 680 | 680 |
| 浦东新区 | 19 | 130.0 | 40.0 | 47500 | 47500 |
| 松江区 | 12 | 41.0 | 2.0 | 13124 | 13024 |
| 青浦区 | 45 | 155.7 | 75.0 | 25908 | 25908 |
| 奉贤区 | 3 | 26.0 | 26.0 | 5278 | 5278 |
| 崇明区 | 6 | 11.5 | 10.4 | 296 | 296 |
| 按服务行业分 | | | | | |
| 农、林、牧、渔业 | 57 | 282.5 | 119.4 | 67099 | 66999 |
| 科学研究、技术服务和地质勘查业 | 11 | 37.1 | 20.0 | 699 | 699 |
| 卫生和社会工作 | 28 | 86.6 | 26.0 | 25088 | 25088 |

# 六 上海市科技计划

# 6－1　经认定高新技术企业发展概况

**（2014～2017 年）**

| | 2014 年合计 | 开发区内 | 开发区外 | 2015 年合计 | 开发区内 | 开发区外 |
|---|---|---|---|---|---|---|
| 企业数（个） | 5425 | 2080 | 3345 | 6071 | 2936 | 3135 |
| 年末职工数（万人） | 120.31 | 49.73 | 70.58 | 134.44 | 77.29 | 57.15 |
| #大专以上人数 | 77.81 | 37.90 | 39.91 | 85.14 | 54.04 | 31.10 |
| 总产值（亿元） | 12947.43 | 5105.95 | 7841.48 | 12223.56 | 6690.68 | 5532.88 |
| #人均（万元） | 107.62 | 102.67 | 111.10 | 90.92 | 86.57 | 96.81 |
| 总收入（亿元） | 16669.15 | 7353.27 | 9315.88 | 18001.09 | 10832.02 | 7169.07 |
| #高新技术及产品收入 | 11441.08 | 5855.92 | 5585.16 | 10973.66 | 5566.03 | 5407.63 |
| 利税总额（亿元） | 1969.86 | 1090.05 | 879.81 | 2553.03 | 1762.13 | 790.9 |
| 利润 | 1205.36 | 696.21 | 509.15 | 1678.51 | 1202.89 | 475.62 |
| 税金 | 764.50 | 393.84 | 370.66 | 874.52 | 559.24 | 315.28 |
| 人均利税（万元） | 16.37 | 21.92 | 12.47 | 18.99 | 22.80 | 13.84 |
| 科研开发费（亿元） | 981.00 | 633.16 | 347.84 | 1193.21 | 714.75 | 478.46 |
| 创汇（亿美元） | 390.47 | 190.52 | 199.95 | 399.75 | 255.67 | 144.08 |
| 开发完成高新园区（平方公里） | 197.00 | 197.00 | — | 202.00 | 202.00 | — |

6－1　续表

| | 2016 年合计 | 开发区内 | 开发区外 | 2017 年合计 | 开发区内 | 开发区外 |
|---|---|---|---|---|---|---|
| 企业数（个） | 6938 | 3078 | 3860 | 7642 | 3741 | 3901 |
| 年末职工数（万人） | 142.37 | 72.66 | 69.71 | 148.64 | 82.93 | 65.71 |
| #大专以上人数 | 93.61 | 52.30 | 41.31 | 101.36 | 60.47 | 40.89 |
| 总产值（亿元） | 12485.21 | 6677.73 | 5807.48 | 12551.85 | 7131.95 | 5419.90 |
| #人均（万元） | 87.70 | 91.90 | 83.31 | 84.44 | 86.00 | 82.48 |
| 总收入（亿元） | 20044.95 | 10398.60 | 9646.35 | 23374.22 | 12704.88 | 10669.34 |
| #高新技术及产品收入 | 12178.93 | 6624.79 | 5554.14 | 13600.91 | 7741.43 | 5859.48 |
| 利税总额（亿元） | 2806.18 | 1760.62 | 1045.56 | 3135.48 | 2090.13 | 1045.34 |
| 利润 | 1813.77 | 1270.00 | 543.77 | 2002.00 | 1399.24 | 602.76 |
| 税金 | 992.41 | 490.62 | 501.79 | 1133.48 | 690.90 | 442.58 |
| 人均利税（万元） | 19.71 | 24.23 | 15.00 | 21.09 | 25.20 | 15.91 |
| 科研开发费（亿元） | 1579.75 | 928.21 | 651.54 | 1794.49 | 1072.80 | 721.69 |
| 创汇（亿美元） | 314.28 | 195.85 | 118.43 | 399.76 | 247.28 | 152.48 |
| 开发完成高新园区（平方公里） | 400.90 | 400.90 | — | 400.90 | 400.90 | — |

# 6－2　上海市国家级重点实验室

**（2017 年）**

| | 实验室名称 | 领　域 | 依托单位 |
|---|---|---|---|
| 1 | 红外物理国家重点实验室 | 信息 | 中科院*上海技术物理研究所 |
| 2 | 传感技术联合国家重点实验室 | 信息 | 中科院微系统与信息技术研究所 |
| 3 | 专用集成电路与系统国家重点实验室 | 信息 | 复旦大学 |
| 4 | 区域光纤通信网国家重点实验室 | 信息 | 上海交通大学 |
| 5 | 精密光谱科学与技术国家重点实验室 | 信息 | 华东师范大学 |
| 6 | 强磁场国家重点实验室 | 信息 | 中科院上海光学精密机械研究所 |
| 7 | 应用表面物理国家重点实验室 | 信息 | 复旦大学 |
| 8 | 航运技术与安全企业国家重点实验室 | 信息 | 上海船舶运输科学研究所 |
| 9 | 民用飞机模拟飞行企业国家重点实验室 | 信息 | 中国商用飞机有限责任公司 |
| 10 | 新药研究国家重点实验室 | 生命 | 中科院上海药物研究所 |
| 11 | 分子生物学国家重点实验室 | 生命 | 中科院上海生科院生化细胞所 |
| 12 | 植物分子遗传国家重点实验室 | 生命 | 中科院上海生科院植生所 |
| 13 | 神经科学国家重点实验室 | 生命 | 中科院上海生科院神经所 |
| 14 | 遗传工程国家重点实验室 | 生命 | 复旦大学 |
| 15 | 医学神经生物学国家重点实验室 | 生命 | 复旦大学上海医学院 |
| 16 | 医学基因组学国家重点实验室 | 生命 | 上海交通大学医学院 |
| 17 | 癌基因及相关基因国家重点实验室 | 生命 | 上海交通大学医学院 |
| 18 | 免疫学国家重点实验室 | 生命 | 海军军医大学** |
| 19 | 生物反应器工程国家重点实验室 | 生命 | 华东理工大学 |
| 20 | 创新药物与制药工艺企业国家重点实验室 | 生命 | 上海医药工业研究院 |
| 21 | 先导化合物研究企业国家重点实验室 | 生命 | 上海药明康德新药开发有限公司 |
| 22 | 抗体药物企业国家重点实验室 | 生命 | 上海张江生物技术有限公司 |
| 23 | 乳业生物技术企业国家重点实验室 | 生命 | 上海光明乳业股份有限公司 |
| 24 | 微生物代谢国家重点实验室 | 生命 | 上海交通大学 |
| 25 | 分子细胞生物学国家重点实验室 | 生命 | 中科院上海生命科学研究院 |
| 26 | 生命有机化学国家重点实验室 | 材料 | 中科院上海有机化学研究所 |
| 27 | 金属有机化学国家重点实验室 | 材料 | 中科院上海有机化学研究所 |
| 28 | 高性能陶瓷和超微结构国家重点实验室 | 材料 | 中科院上海硅酸盐研究所 |

* 全称为中国科学院，下同。

** 全称为中国人民解放军海军军医大学，下同。

6－2 续表

| | 实验室名称 | 领 域 | 依托单位 |
|---|---|---|---|
| 29 | 信息功能材料国家重点实验室 | 材料 | 中科院上海微系统与信息技术研究所 |
| 30 | 纤维材料改性国家重点实验室 | 材料 | 东华大学 |
| 31 | 金属基复合材料国家重点实验室 | 材料 | 上海交通大学 |
| 32 | 汽车钢板材料企业国家重点实验室 | 材料 | 上海宝钢集团有限公司 |
| 33 | 聚合物分子工程国家重点实验室 | 材料 | 复旦大学 |
| 34 | 高品质特殊钢冶金与制备国家重点实验室 | 材料 | 上海大学 |
| 35 | 聚烯烃催化技术与高性能材料国家重点实验室 | 材料 | 上海化工研究院 |
| 36 | 绿色化工与工业催化国家重点实验室 | 材料 | 中国石油化工股份有限公司上海石油化工研究院 |
| 37 | 海洋工程国家重点实验室 | 工程 | 上海交通大学 |
| 38 | 机械系统与振动国家重点实验室 | 工程 | 上海交通大学 |
| 39 | 土木工程防灾国家重点实验室 | 工程 | 同济大学 |
| 40 | 污染控制与资源化研究国家重点实验室 | 工程 | 同济大学 |
| 41 | 特种电缆制备企业国家重点实验室 | 工程 | 上海电缆研究所 |
| 42 | 空间电源技术国家重点实验室 | 工程 | 上海空间电源研究所 |
| 43 | 海洋地质国家重点实验室 | 地学 | 同济大学 |
| 44 | 河口海岸国家重点实验室 | 地学 | 华东师范大学 |

# 6-3 上海市重点实验室

**(2017年)**

| | 实验室名称 | 领 域 | 依托单位 |
|---|---|---|---|
| 1 | 上海市分子催化和功能材料重点实验室 | 材料 | 复旦大学 |
| 2 | 上海市金属功能材料开发应用重点实验室 | 材料 | 同济大学 |
| 3 | 上海市工程材料应用与评价重点实验室 | 材料 | 上海材料研究所 |
| 4 | 上海市钢铁冶金新技术重点实验室 | 材料 | 上海大学 |
| 5 | 上海市特殊人工微结构材料重点实验室 | 材料 | 同济大学 |
| 6 | 上海市稀土功能材料重点实验室 | 材料 | 上海师范大学 |
| 7 | 上海市先进聚合物材料重点实验室 | 材料 | 华东理工大学 |
| 8 | 上海市功能性材料化学重点实验室 | 材料 | 华东理工大学 |
| 9 | 上海市聚烯烃催化技术重点实验室(筹) | 材料 | 上海化工研究院 |
| 10 | 上海市先进高温材料及其精密成形重点实验室 | 材料 | 上海交通大学 |
| 11 | 上海市轻质结构复合材料重点实验室(筹) | 材料 | 东华大学 |
| 12 | 上海市高温超导重点实验室(筹) | 材料 | 上海大学 |
| 13 | 上海市多相结构材料化学工程重点实验室(筹) | 材料 | 华东理工大学 |
| 14 | 上海市电力材料防护与新材料重点实验室(筹) | 材料 | 上海电力学院 |
| 15 | 上海市动力工程多相流动与传热重点实验室(筹) | 工程 | 上海理工大学 |
| 16 | 上海市汽车动力总成重点实验室(筹) | 工程 | 上海汽车集团股份有限公司技术中心 |
| 17 | 上海市化学品分析、风险评估与控制重点实验室(筹) | 化学 | 同济大学 |
| 18 | 上海市绿色化学与化工过程绿色化重点实验室 | 环境 | 华东师范大学 |
| 19 | 上海市城市化生态过程与生态恢复重点实验室 | 环境 | 华东师范大学 |
| 20 | 上海市工程结构新技术重点实验室 | 环境 | 上海建筑科学研究院(集团)有限公司 |
| 21 | 上海市地面交通工具空气动力与热环境模拟重点实验室(筹) | 环境 | 同济大学 |
| 22 | 上海市大气颗粒物污染防治重点实验室(筹) | 环境 | 复旦大学 |
| 23 | 上海市农业遗传育种重点实验室 | 农业 | 上海市农业科学院 |
| 24 | 上海市设施园艺技术重点实验室 | 农业 | 上海市农业科学院 |
| 25 | 上海市资源植物功能基因组学重点实验室(筹) | 其他 | 上海辰山植物园 |
| 26 | 上海市虚拟环境下的文艺创作重点实验室 | 社发 | 上海戏剧学院 |
| 27 | 上海市音乐声学艺术重点实验室 | 社发 | 上海音乐学院 |

| | 实验室名称 | 领　域 | 依托单位 |
|---|---|---|---|
| 28 | 上海市法医学重点实验室 | 社发 | 司法部司法鉴定科学技术研究所 |
| 29 | 上海市现场物证重点实验室 | 社发 | 上海市公安局 |
| 30 | 上海市气象与健康重点实验室 | 社发 | 上海市气象局 |
| 31 | 上海市人类运动能力开发与保障重点实验室 | 社发 | 上海体育学院 |
| 32 | 上海市药物(中药)代谢产物研究重点实验室 | 生命 | 海军军医大学 |
| 33 | 上海市免疫学研究重点实验室 | 生命 | 海军军医大学 |
| 34 | 上海市医学生物防护重点实验室 | 生命 | 海军军医大学 |
| 35 | 上海市周围神经显微外科重点实验室 | 生命 | 复旦大学附属华山医院 |
| 36 | 上海市脑功能基因组学重点实验室 | 生命 | 华东师范大学 |
| 37 | 上海市能源作物育种及应用重点实验室 | 生命 | 上海大学 |
| 38 | 上海市胚胎与生殖工程重点实验室 | 生命 | 上海交通大学附属上海儿童医院 |
| 39 | 上海市兽医生物技术重点实验室 | 生命 | 上海交通大学 |
| 40 | 上海市内分泌肿瘤重点实验室 | 生命 | 上海交通大学医学院附属瑞金医院 |
| 41 | 上海市医学基因组学重点实验室 | 生命 | 上海交通大学医学院附属瑞金医院 |
| 42 | 上海市组织工程研究重点实验室 | 生命 | 上海交通大学医学院附属第九人民医院 |
| 43 | 上海市口腔医学重点实验室 | 生命 | 上海交通大学医学院附属第九人民医院 |
| 44 | 上海市生殖医学重点实验室 | 生命 | 上海交通大学医学院 |
| 45 | 上海市高血压重点实验室 | 生命 | 上海市高血压研究所 |
| 46 | 上海市眼底病重点实验室 | 生命 | 上海交通大学附属第一人民医院 |
| 47 | 上海市胰腺疾病重点实验室 | 生命 | 上海交通大学附属第一人民医院 |
| 48 | 上海市环境与儿童健康重点实验室 | 生命 | 上海交通大学医学院附属新华医院 |
| 49 | 上海市中西医结合防治骨与关节病损重点实验室 | 生命 | 上海市伤骨科研究所 |
| 50 | 上海市复方中药重点实验室 | 生命 | 上海中医药大学 |

6－3　续表2

| | 实验室名称 | 领　域 | 依托单位 |
|---|---|---|---|
| 51 | 上海市结核病(肺)重点实验室 | 生命 | 同济大学附属上海市肺科医院 |
| 52 | 上海市医学图像处理与计算机辅助手术重点实验室 | 生命 | 复旦大学 |
| 53 | 上海市化学生物学(芳香杂环)重点实验室 | 生命 | 华东理工大学 |
| 54 | 上海市抗感染药物研究重点实验室 | 生命 | 上海医药工业研究院 |
| 55 | 上海市细胞工程重点实验室 | 生命 | 海军军医大学 |
| 56 | 上海市分子男科学重点实验室 | 生命 | 中科院上海生科院生化细胞所 |
| 57 | 上海市妇科肿瘤重点实验室 | 生命 | 上海交通大学医学院附属仁济医院 |
| 58 | 上海市糖尿病重点实验室 | 生命 | 上海交通大学附属第六人民医院 |
| 59 | 上海市骨科内植物重点实验室 | 生命 | 上海交通大学医学院附属第九人民医院 |
| 60 | 上海市器官移植重点实验室 | 生命 | 复旦大学附属中山医院 |
| 61 | 上海市信号转导与疾病研究重点实验室 | 生命 | 同济大学 |
| 62 | 上海市胃肿瘤重点实验室 | 生命 | 上海交通大学医学院附属瑞金医院 |
| 63 | 上海市疾病与健康基因组学重点实验室 | 生命 | 上海人类基因组研究中心 |
| 64 | 上海市医学真菌分子生物学重点实验室 | 生命 | 第二军医大学附属长征医院 |
| 65 | 上海市中医临床重点实验室 | 生命 | 上海中医药大学附属曙光医院 |
| 66 | 上海市女性生殖内分泌相关疾病重点实验室 | 生命 | 复旦大学附属妇产科医院 |
| 67 | 上海市肿瘤微环境与炎症重点实验室 | 生命 | 上海交通大学医学院 |
| 68 | 上海市调控生物学重点实验室 | 生命 | 华东师范大学 |
| 69 | 上海市小儿消化与营养重点实验室 | 生命 | 上海交通大学医学院附属新华医院 |
| 70 | 上海市新药设计重点实验室 | 生命 | 华东理工大学 |
| 71 | 上海市乳腺肿瘤重点实验室(筹) | 生命 | 上海市肿瘤医院 |
| 72 | 上海市视觉损害与重建重点实验室(筹) | 生命 | 复旦大学附属眼耳鼻喉科医院 |

6－3　续表 3

| | 实验室名称 | 领　域 | 依托单位 |
|---|---|---|---|
| 73 | 上海市辅助生殖与优生重点实验室(筹) | 生命 | 上海交通大学医学院附属仁济医院 |
| 74 | 上海市重性精神病重点实验室 | 生命 | 上海市精神卫生中心 |
| 75 | 上海市出生缺陷防治重点实验室 | 生命 | 复旦大学附属儿科医院 |
| 76 | 上海市老年医学临床重点实验室 | 生命 | 复旦大学附属华东医院 |
| 77 | 上海市健康辨识与评估重点实验室(筹) | 生命 | 上海中医药大学 |
| 78 | 上海市肝胆肿瘤学重点实验室(筹) | 生命 | 东方肝胆外科医院 |
| 79 | 上海市针灸机制与穴位功能重点实验室(筹) | 生命 | 复旦大学 |
| 80 | 上海市肾脏疾病与血液净化重点实验室(筹) | 生命 | 复旦大学附属中山医院 |
| 81 | 上海市耳鼻疾病转化医学重点实验室(筹) | 生命 | 上海交通大学医学院附属新华医院 |
| 82 | 上海市核心数学与实践重点实验室 | 数理 | 华东师范大学 |
| 83 | 上海市星系与宇宙学半解析研究重点实验室 | 天文 | 上海师范大学 |
| 84 | 上海市计算机软件评测重点实验室 | 信息 | 上海计算机软件技术开发中心 |
| 85 | 上海市特种光纤与光接入网重点实验室 | 信息 | 上海大学 |
| 86 | 上海市智能信息处理重点实验室 | 信息 | 复旦大学 |
| 87 | 上海市现代应用数学重点实验室 | 信息 | 复旦大学 |
| 88 | 上海市金融信息技术研究重点实验室 | 信息 | 上海财经大学 |
| 89 | 上海市信息安全综合管理技术研究重点实验室 | 信息 | 上海交通大学 |
| 90 | 上海市高可信计算重点实验室 | 信息 | 华东师范大学 |
| 91 | 上海市数字媒体处理与传输重点实验室 | 信息 | 上海交通大学 |
| 92 | 上海市可扩展计算与系统重点实验室 | 信息 | 上海交通大学 |
| 93 | 上海市北斗导航与位置服务重点实验室 | 信息 | 上海交通大学 |
| 94 | 上海市粒子物理和宇宙学重点实验室 | 信息 | 上海交通大学 |
| 95 | 上海市数据科学重点实验室 | 信息 | 复旦大学 |
| 96 | 上海市深空探测技术重点实验室 | 信息 | 上海卫星工程研究所 |
| 97 | 上海市多维度信息处理重点实验室(筹) | 信息 | 华东师范大学 |
| 98 | 上海市网络化制造与企业信息化重点实验室 | 制造 | 上海交通大学 |
| 99 | 上海市空间导航与定位技术重点实验室 | 制造 | 中国科学院上海天文台 |
| 100 | 上海市磁共振重点实验室 | 制造 | 华东师范大学 |

6－3 续表4

| | 实验室名称 | 领 域 | 依托单位 |
|---|---|---|---|
| 101 | 上海市电站自动化技术重点实验室 | 制造 | 上海大学 |
| 102 | 上海市智能制造及机器人重点实验室 | 制造 | 上海大学 |
| 103 | 上海市力学在能源工程中应用重点实验室 | 制造 | 上海大学 |
| 104 | 上海市在线检测与控制技术重点实验室 | 制造 | 上海计量测试技术研究院 |
| 105 | 上海市激光制造与材料改性重点实验室 | 制造 | 上海交通大学 |
| 106 | 上海市复杂薄板结构数字化制造重点实验室 | 制造 | 上海交通大学 |
| 107 | 上海市电气绝缘与热老化重点实验室 | 制造 | 上海交通大学 |
| 108 | 上海市现代光学系统重点实验室 | 制造 | 上海理工大学 |
| 109 | 上海市空间飞行器机构重点实验室 | 制造 | 上海宇航系统工程研究所 |
| 110 | 上海市船舶工程重点实验室 | 制造 | 中国船舶工业集团公司第七〇八研究所 |
| 111 | 上海市低温超导高频腔技术重点实验室 | 制造 | 中国科学院上海应用物理研究所 |
| 112 | 上海市激光束精细加工重点实验室 | 制造 | 上海市激光技术研究所 |
| 113 | 上海市全固态激光器与应用重点实验室 | 制造 | 中国科学院上海光学精密机械研究所 |
| 114 | 上海市空间智能控制技术重点实验室 | 制造 | 上海航天控制工程研究所 |
| 115 | 上海市航空航天器电磁环境效应重点实验室 | 制造 | 上海无线电设备研究所 |
| 116 | 上海市存储器纳米制造技术重点实验室 | 制造 | 中国科学院上海微系统与信息技术研究所 |
| 117 | 上海市智能电网需求响应重点实验室 | 制造 | 上海电器科学研究所(集团)有限公司 |
| 118 | 上海市手性药物分子工程重点实验室 | 生命 | 上海交通大学 |
| 119 | 上海市眼眶病眼肿瘤重点实验室 | 生命 | 上海交通大学医学院附属第九人民医院 |
| 120 | 上海市胆道疾病研究重点实验室 | 生命 | 上海交通大学医学院附属新华医院 |
| 121 | 上海市城市更新及其空间优化技术重点实验室 | 环境 | 同济大学 |

# 6－4 上海市青年科技启明星计划(A类)入选人员名单

**(2017年)**

| 姓　名 | 单　位 | 项目名称 |
|---|---|---|
| 常　姗 | 东华大学 | 移动感知中数据安全与可靠性研究 |
| 王　磊 | 复旦大学 | 人类卵子成熟障碍的遗传学研究 |
| 阮元元 | 复旦大学 | C型凝集素样受体CLEC-2调控胃癌肿瘤微环境和化疗耐药的功能机制研究 |
| 孙雪梅 | 复旦大学 | 智能纤维 |
| 李　伟 | 复旦大学 | 介孔材料的定向合成与能源转化和储存应用研究 |
| 熊　曼 | 复旦大学附属儿科医院 | 人少突胶质细胞移植治疗早产儿脑白质损伤 |
| 朱文伟 | 复旦大学附属华山医院 | 高尔基体蛋白GOLM1在调控受体酪氨酸激酶RTK循环促进肝癌转移的作用及机制 |
| 陆　炎 | 复旦大学附属中山医院 | 细胞因子Periostin调控糖脂代谢的作用与机制研究 |
| 李大卫 | 复旦大学附属肿瘤医院 | RNA结合蛋白IGF2BP3调控结肠癌干细胞的作用机制研究 |
| 周彦波 | 华东理工大学 | 环糊精功能材料的构筑及其去除水中EDCs作用机制研究 |
| 郑致刚 | 华东理工大学 | 光操控自组装液晶超结构光学材料与器件 |
| 段学志 | 华东理工大学 | 金属-炭复合物催化剂的理性设计与性能调控 |
| 陈洁菲 | 华东师范大学 | 基于冷原子系综的非经典光源的操控与应用开发 |
| 吴　幸 | 华东师范大学 | 原子尺度下器件纳米结构与性能的动态调控机制研究 |
| 蒲华燕 | 上海大学 | 海洋无人艇减振降噪声隐身关键技术研究 |
| 杨绪勇 | 上海大学 | 新一代柔性量子点显示器件材料与器件基础研究 |
| 韩　璐 | 上海交通大学 | 无机介观结构材料的电子晶体学研究 |
| 蔡　子 | 上海交通大学 | 耗散量子多体系性质研究 |
| 丁　烨 | 上海交通大学 | 多机器人协作加工动力学与控制 |
| 阮　静 | 上海交通大学医学院附属第九人民医院 | 基于FRET原理的多模式纳米光敏诊疗剂开发及其在葡萄膜黑色素瘤治疗中的作用机制研究 |
| 朱　鹤 | 上海交通大学医学院附属仁济医院 | 前列腺肿瘤干细胞干性维持的机制研究 |
| 许　捷 | 上海交通大学医学院附属瑞金医院 | NPM1基因突变导致急性髓系白血病的表观遗传学发病机制和靶向药物研究 |
| 闫小响 | 上海交通大学医学院附属瑞金医院 | Dectin-2介导的炎症免疫反应在心肌缺血再灌注损伤中的作用及其机制研究 |

6－4 续表 1

| 姓　名 | 单　位 | 项目名称 |
|---|---|---|
| 周　涛 | 上海科技大学 | RNA 甲基化识别蛋白 Ythdf1 参与记忆调控的机制研究 |
| 彭　滟 | 上海理工大学 | 基于太赫兹超聚焦的癌细胞组织快速成谱检测与成像识别 |
| 田启威 | 上海师范大学 | 可肾清除的超小 Au 纳米棒的宏量合成、输送及在癌症诊疗上的应用 |
| 刘文强 | 同济大学附属第一妇婴保健院 | IVF 对早期胚胎组蛋白修饰的影响及机制研究 |
| 罗学廷 | 上海交通大学附属第一人民医院 | Sirtuin 6 参与视网膜神经节细胞死亡机制及干预策略研究 |
| 张振宁 | 上海市东方医院(同济大学附属东方医院) | 靶向基因编辑建立自闭症三维疾病模型及干细胞治疗研究 |
| 王晓群 | 上海市高血压研究所 | 脂肪因子 CTRP1 加重血管舒张功能障碍的作用及机制研究 |
| 陈明亮 | 上海市疾病预防控制中心 | B 群脑膜炎奈瑟菌的微进化机制和抗原特征研究 |
| 梁启明 | 上海市免疫学研究所 | 寨卡病毒免疫逃逸和致病的分子机制 |
| 刘瑞欣 | 上海市内分泌代谢病研究所 | 肠道共生菌调节体重及糖代谢的作用研究 |
| 徐　可 | 上海中医药大学附属普陀医院 | 华蟾素介导 miRNA 抑制结肠癌肿瘤微环境转移的机制研究 |
| 孙　筠 | 上海市质子重离子临床技术研发中心 | 多功能纳米疫苗在碳离子放射治疗中的应用研究 |
| 熊爱珍 | 上海市中医药研究院 | 基于核受体 FXR 调控胆汁酸代谢的吡咯里西啶生物碱肝毒性作用机制研究 |
| 王博石 | 上海市肿瘤研究所 | POH1 调控肿瘤细胞与微环境间相互作用的分子机制研究 |
| 周婷 | 上海无线通信研究中心 | 软件定义的无线异构网络面向用户体验的无线资源管理 |
| 余　卓 | 上海中医药大学 | 蟾毒灵通过调控 CCRK 介导的表观遗传促癌通路抑制肝癌发生发展的机制研究 |
| 张　莉 | 上海中医药大学附属龙华医院 | 降脂颗粒调控胆汁酸相关受体 TGR5 治疗非酒精性脂肪性肝炎的机制研究 |
| 刘　宣 | 上海中医药大学附属曙光医院 | 健脾解毒方通过 COX－2/PGE2 调控 MALAT1/STAT3 通路抑制大肠癌侵袭转移的机制 |
| 高亚威 | 同济大学 | 早期胚胎中表观修饰的建立和调控机制 |
| 陈　涛 | 同济大学 | 超高可拉伸性能的平面状全固态超级电容器 |

| 姓　名 | 单　位 | 项目名称 |
|---|---|---|
| 楚文海 | 同济大学 | 饮用水中新型高毒性消毒副产物的甄别与综合控制技术研究 |
| 刘锡伟 | 同济大学 | 间歇性控制策略下的复杂网络有限时间同步研究 |
| 姚金平 | 中国科学院上海光学精密机械研究所 | 基于空气激光的分子物理与远程探测研究 |
| 王冉冉 | 中国科学院上海硅酸盐研究所 | 基于低维柔性导电材料的多功能纤维及智能织物研究 |
| 竺淑佳 | 中国科学院上海生命科学研究院神经科学研究所 | 解析大脑中离子型谷氨酸受体的三维结构及亚基组成 |
| 顾　溢 | 中国科学院上海微系统与信息技术研究所 | 替代衬底上大失配 InGaAs 探测器异质外延研究 |
| 周　兵 | 中国科学院上海药物研究所 | Menin-MLL 相互作用小分子抑制剂的构效关系与成药性研究 |
| 桂敬汉 | 中国科学院上海有机化学研究所 | 呋喃的光氧化碎裂反应研究 |
| 陈品红 | 中国科学院上海有机化学研究所 | 含氟多肽水凝胶 |
| 张　迁 | 海军军医大学 | DNA 氧化修饰在髓系细胞分化中的调控作用研究 |
| 王　越 | 海军军医大学 | 人胚胎干细胞来源外泌体中新型小非编码 RNA 的生成机制及调控作用研究 |
| 胡良皞 | 上海长海医院 | 外泌体 miR-199a 诱导巨噬细胞极化调控胰腺纤维化的机制研究 |
| 周海洋 | 上海长征医院 | 利用天然脱细胞支架进行小肠再生的研究 |
| 李　亮 | 上海东方肝胆外科医院 | HMGB1 作为 RICTOR 的 ceRNA 在早期肝癌中的作用及机制研究 |

# 6-5 上海市青年科技启明星计划(B类)入选人员名单

**(2017年)**

| 姓　名 | 单　位 | 项目名称 |
| --- | --- | --- |
| 张　伟 | 宝钢不锈钢有限公司 | 氮合金化不锈钢中形变诱导马氏体相变控制与应用 |
| 崔家春 | 华东建筑集团股份有限公司 | 装配式混凝土剪力墙连接技术研究 |
| 马　良 | 华东理工大学华昌聚合物有限公司 | 改性碳基颗粒对含硫 VOCs 废气的旋流吸附研究 |
| 朱念好 | 上海爱信诺航芯电子科技有限公司 | 高安全移动互联网支付芯片关键技术研究 |
| 鲍远松 | 上海宝信软件股份有限公司 | 工业大数据平台的存储和计算关键技术研究 |
| 吴超腾 | 上海电科智能系统股份有限公司 | 交通大数据全息电子档案数据建模关键技术研究 |
| 张　冀 | 上海电驱动股份有限公司 | 大功率高扭矩电驱动商用车控制策略及测试方法研究 |
| 何虹霖 | 上海复宏汉霖生物技术股份有限公司 | 用于肿瘤治疗的抗 PD-L1 单克隆抗体研发 |
| 闫　凯 | 上海锅炉厂有限公司 | 高碱煤 $O_2/CO_2$ 富氧燃烧锅炉总体设计准则研究 |
| 段慧仙 | 上海国际技贸联合有限公司 | 基于孔径对编码技术的全向散焦模糊图像复原研究 |
| 刘颖涛 | 上海海雁医药科技有限公司 | 小分子口服抗肿瘤药物 PI3K 抑制剂的临床前研究 |
| 詹国柱 | 上海航天化工应用研究所 | 耐高温、耐烧蚀、耐冲刷树脂基复合材料关键技术研究 |
| 段佳佳 | 上海航天控制技术研究所 | 空间机械臂对失效卫星的抓捕控制技术研究 |
| 杨盛庆 | 上海航天控制技术研究所 | 航天器高精度空间轨迹重访的动力学特性分析与导航技术研究 |
| 张　婧 | 上海航天设备制造总厂 | 超低温环境下塑料/金属异质密封结构的激光界面强化技术研究 |
| 高　超 | 上海华虹宏力半导体制造有限公司 | 第二代 90 纳米嵌入式闪存工艺技术的研究 |
| 王际童 | 上海华明高技术(集团)有限公司 | 整体式分级孔炭的开发及室内空气净化技术研究 |
| 廖湘洲 | 上海华谊(集团)公司 | 聚乙醇酸 PGA 原料——乙醇酸(甲酯)的低成本制备新技术 |
| 雷　雯 | 上海化工研究院 | 生物样本中稳定同位素标记氨基酸和脂肪酸的同位素丰度检测方法建立与应用 |

| 姓　名 | 单　位 | 项目名称 |
|---|---|---|
| 钟　旻 | 上海集成电路研发中心有限公司 | FDSOI器件结构与关键工艺研究 |
| 闫雁军 | 上海建工七建集团有限公司 | 中心城区超大深基坑群同步与交错施工安全控制技术研究 |
| 张　波 | 上海建工四建集团有限公司 | 复杂条件下既有高层建筑置换型结构改造和地下增层扩容同步实施成套技术研究 |
| 李天际 | 上海建工五建集团有限公司 | 面向"高预制率装配式建筑"的构件链式组合连接技术研究与应用 |
| 刘　涛 | 上海空间电源研究所 | 基于宽禁带功率器件的平流层飞艇能源管理技术 |
| 季晓丽 | 上海力阳道路加固科技股份有限公司 | 道路全结构再生关键技术研究 |
| 张菲菲 | 上海立迪生物技术股份有限公司 | 传统癌症PDX模型药效试验与新型Mini-PDX药效试验的临床相关性验证 |
| 卢　静 | 上海纳米技术及应用国家工程研究中心有限公司 | 基于表面等离子共振高灵敏性光电位置传感材料的制备及器件构建 |
| 袁　静 | 上海纳米技术及应用国家工程研究中心有限公司 | 基于水滑石的含氯挥发性有机物净化材料的制备及其在工业废气治理中的应用 |
| 徐　艳 | 上海纳米技术及应用国家工程研究中心有限公司 | 基于单分子荧光技术应用前列腺癌靶标的检测及级联反应的研究 |
| 王锋华 | 上海轻合金精密成型国家工程研究中心有限公司 | 大型复杂薄壁壳体旋压技术研究 |
| 董茂锋 | 上海瑞丰农业科技有限公司 | 设施茄果类蔬菜中链格孢菌毒素发生规律及特异性产毒基因调控研究 |
| 徐丽慧 | 上海润庄农业科技有限公司 | 西瓜枯萎病不同抗性品种对根际微生物区系特征的影响 |
| 王彩霞 | 上海市激光技术研究所 | 1.2微米半导体激光选择性光热效应用于皮肤伤口愈合的研究 |
| 陈玲珠 | 上海市建筑科学研究院(集团)有限公司 | 传统木结构火灾性能和抗火能力提升关键技术研究 |
| 王　倩 | 上海市政工程设计研究总院(集团)有限公司 | 基于城市更新中钢桥面长效抗疲劳铺装技术研究 |
| 汉京超 | 上海市政工程设计研究总院(集团)有限公司 | 苏州河段深层调蓄隧道水力模型技术研究 |
| 陈　浩 | 上海天马微电子有限公司 | 可折叠柔性AM-OLED显示器件关键技术研究 |
| 洪中华 | 上海图遥信息科技有限公司 | 基于多模式高分辨遥感的灾害损失实物量三维精细化评估理论方法研究 |

6－5　续表 2

| 姓　名 | 单　位 | 项目名称 |
|---|---|---|
| 王晓东 | 上海微波技术研究所(中国电子科技集团公司第五十研究所) | 新型台面式 GaAs 基阻挡杂质带太赫兹阵列探测机理及器件应用研究 |
| 李云峰 | 上海问鼎环保科技有限公司 | 阳极氧化废水高效处理及综合利用技术 |
| 廖　意 | 上海无线电设备研究所 | 飞机整机 HIRF 适航符合性验证测试关键技术 |
| 陈　臣 | 上海香料研究所 | 基于系统生物学策略的发酵乳中丁二酮合成途径的解析与应用 |
| 王金芳 | 上海新跃联汇电子科技有限公司 | 基于光学游标效应的角速度传感器 |
| 王一恺 | 上海药明康德新药开发有限公司 | 基于结构设计的选择性 FGFR 亚型抑制剂的构效关系和体内药效研究 |
| 杨苍劲 | 上海泽生科技开发股份有限公司 | 便携式心电监护仪的研制 |
| 王　红 | 上海中聚佳华电池科技有限公司 | 低成本长寿命钠离子电池制造技术研发 |
| 邹焕英 | 网宿科技股份有限公司 | 高性能海量数据传输平台 |
| 林　芃 | 中国船舶重工集团公司第七〇一研究所上海分部 | 抗摇摆高性能船用氨水吸收式制冷/热泵系统研究 |
| 王晓雯 | 中微半导体设备(上海)有限公司 | 10 nm 以下 FEOL Implantation BARC 的刻蚀工艺及刻蚀机的研究 |
| 王　彦 | 中芯国际集成电路制造(上海)有限公司 | 鳍式场效应晶体管刻蚀中的先进控制 |

# 6－6 上海市青年科技启明星计划(C类)入选人员名单

**(2017年)**

| 姓　名 | 单　位 | 项目名称 |
|---|---|---|
| 金建钢 | 上海市政工程设计研究总院(集团)有限公司 | 网格化城市地下空间的安全评估与应急保障研究 |
| 于冰沁 | 上海市政工程设计研究总院(集团)有限公司 | 海绵城市建设中的源头调蓄系统构建与调度模式研究 |
| 张东明 | 上海市政工程设计研究总院(集团)有限公司 | 多重复杂环境下城市地下综合管廊结构安全保障技术研究 |
| 褚华强 | 上海市政工程设计研究总院(集团)有限公司 | 海绵城市建设中源头调蓄系统构建与调度模式研究 |
| 禹海涛 | 上海市政工程设计研究总院(集团)有限公司 | 城市地下大空间抗震安全评估体系与应急保障技术 |
| 赵　程 | 上海市政工程设计研究总院(集团)有限公司 | 全寿命城市深隧结构劣化及灾变演化宏细观机理研究 |
| 朱明亮 | 上海电气集团股份有限公司 | 超超临界汽轮机叶片用NiCr20TiAl钢的高温高周疲劳行为 |
| 邢　辉 | 上海电气集团股份有限公司 | 燃气轮机高温材料金相制备与分析技术研究 |
| 陈　蒙 | 上海电气集团股份有限公司 | F级燃机全厂一键启停控制策略研究 |
| 冯昱恒 | 上海电气集团股份有限公司 | 电站锅炉富氧燃烧再循环烟气脱水系统关键技术和设备开发 |
| 金　鑫 | 上海华谊(集团)公司 | 超支化型特种环氧树脂固化剂的设计和绿色合成 |
| 俞鸣明 | 上海华谊(集团)公司 | 热塑性聚酰亚胺树脂与多元碳基材料的复合成型工艺研究 |
| 李晓雷 | 上海华谊(集团)公司 | 含茚满结构环氧固化剂的绿色合成工艺研究 |
| 宋　楠 | 上海华谊(集团)公司 | 二氯乙烷氧氯化制四氯乙烯放大工艺研究 |
| 艾　波 | 上海华谊(集团)公司 | 含氟溶剂回收技术研究 |

# 6－7 上海市优秀学术带头人计划入选人员名单

**（2017 年）**

| 姓　名 | 单　位 | 项目名称 |
|---|---|---|
| 刘天西 | 东华大学 | 碳纳米复合材料的结构调控与能量存储机制研究 |
| 屈卫东 | 复旦大学 | 碘乙酸的有害效应及其健康风险评估 |
| 孙　宁 | 复旦大学 | 基于新型高效的扩张型/肥厚型心肌病细胞模型的高通量天然药物筛选 |
| 吴义政 | 复旦大学 | 磁性超薄膜中自旋电子学研究 |
| 严　军 | 复旦大学 | 微分方程的分析与计算 |
| 王桂华 | 复旦大学 | 副热带海洋西边界流时空变化及其影响 |
| 余学斌 | 复旦大学 | 高容量储氢材料的功能化改性及其储氢(锂)研究 |
| 江安全 | 复旦大学 | 高密度铁电二极管存储器 |
| 杜美蓉 | 复旦大学附属妇产科医院 | 蜕膜 CXCR4+/CXCR4-NK 细胞亚群平衡诱导母-胎免疫耐受与正常妊娠维持的分子机制 |
| 马　昕 | 复旦大学附属华山医院 | 后足三关节偶联运动对踝关节生物力学影响研究 |
| 孙惠川 | 复旦大学附属中山医院 | 以 miR－26a 为标志物指导肝癌术后干扰素治疗的临床与基础研究 |
| 楼文晖 | 复旦大学附属中山医院 | DIAPH3 在胰腺导管上皮细胞恶性转化中作用的研究 |
| 金　波 | 公安部第三研究所 | 云计算环境下电子数据勘查取证关键技术研究 |
| 龚学庆 | 华东理工大学 | 新能源生产中催化过程的理论研究 |
| 武海斌 | 华东师范大学 | 里德堡相互作用超冷原子气体量子特性的研究 |
| 程义云 | 华东师范大学 | 设计高效、安全的高分子材料用于基因和蛋白质递送 |
| 李卫东 | 上海交通大学 | 负面情绪记忆的消退机制研究 |
| 耿　涌 | 上海交通大学 | 多视角推动上海市低碳生态城市转型研究 |
| 熊红凯 | 上海交通大学 | 视觉信息的结构稀疏表示 |
| 齐　飞 | 上海交通大学 | 面向航空发动机的基础燃烧研究 |
| 袁广银 | 上海交通大学 | 新型可控降解医用镁合金的研发及其临床应用基础研究 |
| 魏勋斌 | 上海交通大学 | 循环肿瘤细胞的多维荧光检测与光刺激技术研究 |
| 万德成 | 上海交通大学 | 深海结构物涡激振动和涡激运动数值模拟方法研究 |
| 侯中宇 | 上海交通大学 | 纳电极阵等离子体片上系统研究 |
| 林晓曦 | 上海交通大学医学院附属第九人民医院 | 间充质干细胞转化为血管瘤干细胞相关因素的研究 |

| 姓　名 | 单　位 | 项目名称 |
| --- | --- | --- |
| 张　俊 | 上海交通大学医学院附属瑞金医院 | 间皮细胞可塑性参与胃癌腹膜转移的分子机制研究 |
| 潘　萌 | 上海交通大学医学院附属瑞金医院 | 天疱疮患者皮损局部 B 细胞的作用机制 |
| 江　帆 | 上海交通大学医学院附属上海儿童医学中心 | 生命早期应激状态对子代代谢功能影响及其表观遗传调控机制研究 |
| 虞晶怡 | 上海科技大学 | 光场虚拟现实平台：重建从微观到宏观的世界 |
| 郑时有 | 上海理工大学 | 高性能锂-硫电池关键材料的研究 |
| 傅　强 | 上海交通大学附属第六人民医院 | 运用脂肪干细胞构建组织工程化全层尿道技术改进的实验研究 |
| 李　斐 | 上海市儿科医学研究所 | 可代谢性糖类在食物偏好形成和调控中的机制研究 |
| 赵　敏 | 上海市精神卫生中心(上海市心理咨询培训中心) | 苯丙胺兴奋剂成瘾诊断评估的客观标记研究 |
| 刘慧荣 | 上海市针灸经络研究所 | 针灸治疗克罗恩病效应及对自噬与免疫调节的作用机制研究 |
| 杨　莉 | 上海市中医药研究院 | 基于靶标分析的利胆中药干预胆汁酸代谢稳态失衡的物质基础与作用机理研究 |
| 张　勇 | 同济大学 | 基于单细胞组学技术研究细胞命运决定中的表观遗传调控机制 |
| 黄　雨 | 同济大学 | 地震砂土液化全过程的动力演化特性及其本构模型构建 |
| 彭承志 | 中国科学技术大学上海研究院(上海中科大量子工程卓越中心) | 高背景光条件下自由空间量子通信的研究 |
| 王　俊 | 中国科学院上海光学精密机械研究所 | 二维光子功能半导体的光电调控技术及其物理 |
| 曾　艺 | 中国科学院上海生命科学研究院 | 蛋白 C 受体对乳腺干细胞的作用及机制 |
| 赵　允 | 中国科学院上海生命科学研究院 | Hh 信号梯度化转导的分子机制与功能 |
| 郭非凡 | 中国科学院上海生命科学研究院 | 营养对糖脂代谢和能量稳态的调控作用与机制研究 |
| 甘甫烷 | 中国科学院上海微系统与信息技术研究所 | 硅光子芯片技术研究 |

6－7　续表 2

| 姓　名 | 单　位 | 项目名称 |
|---|---|---|
| 杨财广 | 中国科学院上海药物研究所 | 抗菌药物研究：从抗生素到抗致病力 |
| 刘国生 | 中国科学院上海有机化学研究所 | 过渡金属催化烯烃的双官能化反应研究 |
| 李　昂 | 中国科学院上海有机化学研究所 | 天然产物全合成 |
| 盛春泉 | 海军军医大学 | 基于新靶点和新分子骨架的抗真菌先导化合物发现和优化 |
| 李文林 | 海军军医大学 | 肝细胞功能成熟的分子机制研究 |
| 许传亮 | 上海长海医院 | 氧化亚铜纳米粒在膀胱癌防治中的应用 |
| 梁　春 | 上海长征医院 | miR－503 介导肥大细胞来源 exosomes 促动脉粥样硬化斑块外膜滋养血管新生的机制研究 |

# 6－8 上海市优秀技术带头人计划入选人员名单

（2017 年）

| 姓 名 | 单 位 | 项目名称 |
|---|---|---|
| 徐世伟 | 宝钢集团有限公司 | 新能源汽车用轻量化镁合金异型管 A 柱的室温液压成形制备工艺研究 |
| 徐长征 | 宝钢特钢有限公司 | 核电用镍基合金焊材国产化关键技术研究与产品开发 |
| 曾 涛 | 上海材料研究所 | 高性能多层压电厚膜驱动器的研制及可靠性分析 |
| 尹心明 | 上海辰锐信息科技公司 | 面向公安数据交互领域关键系统的集中监管和分析平台产业化与应用示范项目 |
| 董 滨 | 上海城市污染控制工程研究中心有限公司 | 城市有机质废弃物高级协同厌氧生物制气产业化技术研发 |
| 曹 辉 | 上海航天电源技术有限责任公司 | 车用高比能量动力锂离子电池关键技术开发 |
| 卢 山 | 上海航天控制技术研究所 | 面向空间在轨操控的平台-多臂协调规划与控制技术 |
| 郑循江 | 上海航天控制技术研究所 | 基于微光探测的星敏感器多视场融合姿态测量技术 |
| 尹玉环 | 上海航天设备制造总厂 | 自支撑自适应浮动式双轴肩搅拌摩擦焊技术研究 |
| 廉云飞 | 上海昊海生物科技股份有限公司 | 莫西沙星仿生靶向眼用释药系统的开发 |
| 顾津明 | 上海恒瑞医药有限公司 | 新一代用于肿瘤免疫治疗的双特异性抗体的研发 |
| 李永刚 | 上海华谊（集团）公司 | 甲基丙烯醛选择加氢制甲基烯丙醇催化剂的开发 |
| 陈宝明 | 上海华之邦科技股份有限公司 | 天然气耦合超低氮燃烧技术的研发 |
| 王新威 | 上海化工研究院 | 高强高模聚乙烯纤维干法路线纺丝的关键技术研究 |
| 李虎林 | 上海化工研究院 | 99atom%13C 同位素示范装置研制 |
| 李 琰 | 上海建工五建集团有限公司 | 装配式建筑高效安装工装系统及控制技术研究 |
| 徐 磊 | 上海建工一建集团有限公司 | 超高结构建造风险监控与安全防护关键技术研究 |
| 沈憧棐 | 上海巨哥电子科技有限公司 | 非制冷红外探测器的晶圆级真空封装技术 |
| 朱 君 | 上海纳米技术及应用国家工程研究中心有限公司 | 人工肺表面活性物质在肺部防护中的应用研究及其产品开发 |
| 张中杰 | 上海市城市建设设计研究总院 | 软土富水地区暗挖法建设地铁车站设计关键技术研究 |
| 杨建荣 | 上海市建筑科学研究院 | 绿色建筑能源和环境基准线研究 |
| 谭学军 | 上海市政工程设计研究总院（集团）有限公司 | 城镇污泥与餐厨垃圾协同厌氧消化技术研究 |
| 彭旭辉 | 上海天马微电子有限公司 | 下一代显示虚拟现实（VR）显示屏研制 |
| 许庆丰 | 上海通用卫星导航有限公司 | 适用于无人机平台超小型全向铯光泵磁力仪技术研究 |
| 毕庆贞 | 上海拓璞数控科技有限公司 | 飞机与火箭蒙皮双五轴镜像铣削装备与工艺 |
| 陈 刚 | 上海外高桥造船有限公司 | 超深水立柱式生产平台开发 |
| 李志慧 | 上海卫星装备研究所 | 卫星高精度自动测角系统技术研究 |

6-8 续表 1

| 姓　名 | 单　位 | 项目名称 |
| --- | --- | --- |
| 黄　勇 | 上海无线电设备研究所 | 高通量非驻留快速成像安检雷达技术 |
| 张小燕 | 上海芯超生物科技有限公司 | 用于肝癌早期诊断的外周血基因表达图谱的定量PCR检测试剂的研发 |
| 黄军海 | 上海欣生源药业有限公司 | 针对FOXP3蛋白翻译后修饰的PIM1抑制剂的设计与合成 |
| 姚　薇 | 上海遥薇(集团)有限公司 | 大数据技术在具备数据增值服务能力的车联网平台中的应用 |
| 邵　雷 | 上海医药工业研究院 | 抗菌增效剂XXY-71的体内药效与增效机制研究 |
| 方志强 | 上海奕瑞光电子科技有限公司 | 动态数字平板探测器及其影像系统(Mercu0909F) |
| 裴瑞琳 | 上海英磁新能源科技有限公司 | 新一代新能源车用超高功率密度驱动电机技术攻关 |
| 冯淑红 | 上海宇航系统工程研究所 | 空间站在轨维修设计及地面验证技术研究 |
| 励吉鸿 | 上海宇航系统工程研究所 | 空间科学与维护技术研究 |
| 赵政威 | 上海中聚佳华电池科技有限公司 | 电动车用动力电池系统开发 |
| 袁振宇 | 微创心脉医疗科技(上海)有限公司 | 分支型术中支架的研发 |
| 孙元浩 | 星环信息科技(上海)有限公司 | 星环基于docker云的大数据平台 |
| 何永根 | 中芯国际集成电路制造(上海)有限公司 | 鳍式场效应晶体管N/P型源漏极成套外延工艺研究 |
| 覃小红 | 上海宇海企业发展集团有限公司 | 窄分布微纳米纤维高效空气过滤产品的低阻化研究及产业化 |
| 王　悍 | 上海纳米技术及应用国家工程研究中心有限公司 | 可视化药物按需运送与释放系统的研发 |
| 袁红斌 | 上海景仁医疗科技有限公司 | 自动排气型可变速镇痛泵及相关测痛笔的研发 |
| 丁　鹏 | 上海普利特复合材料股份有限公司 | 基于多尺度复合技术的超高韧耐温高分子复合材料规模化制备与应用 |
| 魏　星 | 上海新傲科技股份有限公司 | 全耗尽绝缘体上硅(FDSOI)材料关键制备技术研发 |
| 谭　强 | 上海优先生物医学工程有限公司 | 组织工程化气管产品研发及临床应用 |
| 甄　强 | 上海利尔耐火材料有限公司 | 原位生长纳米晶须增强高性能耐火材料的研究 |
| 何　兵 | 上海飞博激光科技有限公司 | 高功率光纤激光全光纤化功率合成技术研究 |
| 韩　生 | 上海天坛助剂有限公司 | 高效绿色双金属催化剂的制备及在聚醚多元醇合成中的应用研究 |
| 金　城 | 上海下一代广播电视网应用实验室有限公司 | 面向下一代广播电视网的深度学习应用技术研究 |

2018

SHANGHAI
STATISTICAL YEARBOOK
ON SCIENCE
AND TECHNOLOGY

上海科技统计年鉴

# 七 科技服务

# 7－1　气象机构、业务、设备基本情况

**（2017 年）**

| 项目 | 数值 | 项目 | 数值 |
|---|---|---|---|
| 机构数(个) | 21 | 经费支出(千元) | 408943 |
| 管理机构 | 1 | 基本支出 | 209115 |
| 气象台 | 2 | 项目支出 | 197847 |
| 科研机构 | 2 | 经营支出 | 1981 |
| 业务机构 | 16 | 土地面积(平方米) | 175241 |
| 职工人数(人) | 602 | 房屋面积(平方米) | 61452 |
| 行政人员 | 147 | #工作及工作辅助用房 | 55907 |
| 业务科研人员 | 451 | 固定资产总值(千元) | 839152 |
| 其他 | 4 | 房屋建筑物 | 202017 |
| 按学历分 | | 交通工具 | 25272 |
| 研究生 | 291 | 专业设备及其他 | 611863 |
| 大学本科 | 256 | 综合观测业务项目 | |
| 大学专科 | 40 | 地面观测站 | 12 |
| 中专以下 | 15 | 区域气象观测站 | 256 |
| 按职称分 | | 高空探测站点 | 1 |
| 高级职称 | 166 | 天气雷达观测站 | 2 |
| 中级职称 | 297 | 农业气象业务站点 | 1 |
| 初级职称 | 111 | 卫星云图接收站点 | 2 |
| 无职称 | 28 | 辐射观测站点 | 1 |
| 经费收入(千元) | 374016 | 大气成分观测站点 | 10 |
| 中央财政拨款 | 159528 | 计算机配备数(台) | |
| 地方财政拨款 | 99823 | 高性能计算机 | 6 |
| 事业收入 | 50036 | 服务器 | 520 |
| 经营收入 | 2365 | PC 机(含 PC 服务器) | 1474 |
| 附属单位缴款 | 25000 | | |
| 其他 | 37264 | | |

# 7－2　地震机构基本情况

**（2012～2017年）**

| | 2012 | 2013 | 2014 | 2015 | 2016 | 2017 |
|---|---|---|---|---|---|---|
| 机构数(个) | 15 | 15 | 15 | 15 | 16 | 16 |
| 管理机构 | 8 | 8 | 8 | 8 | 9 | 9 |
| 二级机构 | 7 | 7 | 7 | 7 | 7 | 7 |
| 地震前兆观测站(个) | 19 | 21 | 19 | 19 | 13 | 10 |
| 地震台(有人职守)(个) | 4 | 4 | 4 | 4 | 2 | 2 |
| 地震测震观测站(个) | 36 | 36 | 36 | 36 | 16 | 17 |
| 地震强震观测站(个) | 63 | 64 | 64 | 64 | 69 | 63 |
| 职工人数(人) | 128 | 132 | 133 | 137 | 135 | 132 |
| #博士 | 9 | 8 | 8 | 8 | 8 | 9 |
| 硕士 | 13 | 18 | 31 | 39 | 41 | 54 |
| 大学、大专 | 60 | 64 | 82 | 79 | 76 | 64 |
| 高中、中专 | 5 | 5 | 4 | 4 | 10 | 5 |
| 专业技术人员数(人) | 94 | 101 | 75 | 76 | 79 | 79 |
| #高级职称 | 30 | 30 | 19 | 16 | 19 | 21 |
| 中级职称 | 35 | 41 | 32 | 36 | 36 | 39 |
| 初级职称 | 29 | 27 | 19 | 20 | 20 | 16 |
| 科研项目完成数(项) | 8 | 5 | 5 | 6 | 2 | 8 |
| 项目本年拨入预算经费(千元) | 1217 | 244 | 1795 | 2296 | 3087 | 7683 |
| 项目当年实际支出(千元) | 325 | 394 | 275 | 1057 | 796 | 3520 |
| 项目人员折合工作量(人月) | 138 | 90 | 91 | 146 | 185 | 544 |
| 仪器设备数(台) | 3522 | 3572 | 2888 | 2972 | 3206 | 3488 |
| 专用设备 | 632 | 652 | 283 | 286 | 302 | 330 |
| 一般设备 | 2890 | 2920 | 2605 | 2686 | 2904 | 3158 |
| 上海及其邻近地区共发生地震(次) | 173 | 45 | 56 | 68 | 120 | 103 |
| (29°～34°N,119°～124°E)(ML级) | (1.0～5.3) | (1.0～3.6) | (1.0～4.1) | (1.0～3.6) | (1.0～4.3) | (1.0～4.7) |
| 上海监视区共发生地震(次) | 31 | 14 | 26 | 29 | 21 | 21 |
| (30°～32.4°N,119.6°～123.0°E)(ML级) | (1.0～3.4) | (1.0～2.6) | (1.0～3.6) | (1.0～2.6) | (1.0～2.8) | (1.0～3.2) |

# 7－3 质量技术监督机构人员情况

**(2012~2017年)**

| | 2012 | 2013 | 2014 | 2015 | 2016 | 2017 |
|---|---|---|---|---|---|---|
| 机构数(个) | 57 | 57 | 41 | 7 | 7 | 8 |
| 按隶属关系分 | | | | | | |
| 市属 | 10 | 10 | 8 | 7 | 7 | 8 |
| 区属 | 43 | 43 | 30 | 0 | 0 | 0 |
| 县属 | 4 | 4 | 3 | 0 | 0 | 0 |
| 职工人数(人) | 3424 | 3539 | 2740 | 1857 | 1982 | 1991 |
| 按隶属关系分 | | | | | | |
| 市属 | 2128 | 2236 | 2142 | 1857 | 1982 | 1991 |
| 区属 | 1209 | 1215 | 529 | 0 | 0 | 0 |
| 县属 | 87 | 88 | 69 | 0 | 0 | 0 |
| 按机构类型分 | | | | | | |
| 行政人员 | 878 | 977 | 498 | 100 | 234 | 240 |
| 按文化程度分 | | | | | | |
| 研究生 | 183 | 182 | 90 | 13 | 47 | 63 |
| 大学 | 604 | 704 | 371 | 87 | 86 | 168 |
| 大专 | 76 | 78 | 32 | 0 | 2 | 6 |
| 高中及以下 | 7 | 4 | 2 | 0 | 0 | 0 |
| 按工作性质分 | | | | | | |
| 公务员 | 877 | 976 | 497 | 100 | 135 | 130 |
| 参公人员 | 1 | 1 | 1 | 0 | 99 | 110 |
| 事业人员 | 2546 | 2562 | 2242 | 1757 | 1748 | 1751 |
| 按技术职称分 | | | | | | |
| 高级 | 364 | 398 | 413 | 359 | 379 | 419 |
| 中级 | 994 | 1059 | 965 | 739 | 731 | 716 |
| 其他 | 1188 | 1105 | 864 | 659 | 638 | 616 |
| 按文化程度分 | | | | | | |
| 研究生 | 305 | 396 | 485 | 498 | 503 | 571 |
| 大学 | 1319 | 1314 | 1154 | 907 | 918 | 920 |
| 大专 | 513 | 478 | 364 | 218 | 206 | 166 |
| 高中及以下 | 355 | 314 | 239 | 134 | 121 | 94 |
| 按工作性质分 | | | | | | |
| 管理人员 | 297 | 170 | 152 | 140 | 140 | 129 |
| 专业技术人员 | 1957 | 2137 | 1890 | 1484 | 1476 | 1528 |
| 工人和工勤人员 | 292 | 255 | 200 | 133 | 132 | 94 |
| 其他从业人员 | 792 | 700 | 553 | 0 | 0 | 75 |

## 7－4 质量技术监督机构经费情况

**（2017 年）**

| | | | |
|---|---|---|---|
| 经费收入合计(万元) | 189691 | 经费支出合计(万元) | 164524 |
| 按隶属关系分 | | 按支出类别分 | |
| 市属 | 189691 | 工资福利支出 | 59017 |
| 区属 | 0 | 商业和服务支出 | 75871 |
| 按来源分 | | 个人和家庭补助 | 6474 |
| 财政拨款 | 84646 | #离退休费 | 617 |
| 行政经费 | 7950 | 基本建设支出 | 14006 |
| 事业经费 | 26187 | 专用仪器设备购置 | 0 |
| 专项经费 | 33589 | 信息网络设备购置 | 0 |
| 纳入预算管理的行政事业性经费 | 16920 | 交通运输设备购置 | 0 |
| 预算外资金收入 | 380 | 其他资本性支出等专项支出 | 14006 |
| 事业收入 | 85755 | 经营支出 | 6943 |
| 经营收入 | 11713 | 其他支出 | 2213 |
| 其他收入 | 7197 | | |

## 7－5 质量技术监督机构资产情况

**（2012~2017 年）**

| | 2012 | 2013 | 2014 | 2015 | 2016 | 2017 |
|---|---|---|---|---|---|---|
| 国有资产总额(万元) | 450065 | 484717 | 532618 | 389576 | 432568 | 462919 |
| 市属 | 385754 | 423264 | 465169 | 320199 | 432568 | 462919 |
| 区属 | 64311 | 61453 | 67449 | 69377 | 0 | 0 |
| 固定资产总额(万元) | 248898 | 262243 | 275442 | 190317 | 178622 | 176515 |
| 仪器设备 | 119070 | 131813 | 156296 | 111508 | 120137 | 116496 |
| 房屋建筑物 | 75039 | 76042 | 76385 | 38225 | 34854 | 33636 |
| 交通运输设备 | 9871 | 9554 | 7790 | 5615 | 2763 | 2309 |
| 其他 | 44918 | 44834 | 34971 | 34969 | 20868 | 24073 |
| 现有建筑面积(万平方米) | 19.09 | 19.42 | 30.75 | 19.60 | 21.29 | 21.06 |
| #实验室面积 | 11.85 | 11.86 | 16.83 | 16.83 | 12.35 | 11.44 |

## 7－6　质量技术监督机构计量检定情况

**(2012～2017年)**

| | 2012 | 2013 | 2014 | 2015 | 2016 | 2017 |
|---|---|---|---|---|---|---|
| 本年度完成数(台、件) | 8639818 | 1489678 | 1561835 | 1456820 | 1692488 | 1700812 |
| 按隶属关系分 | | | | | | |
| 市属 | 8082183 | 897660 | 888272 | 1082438 | 887736 | 1016516 |
| 区属 | 529940 | 557762 | 637802 | 345965 | 804752 | 684296 |
| 县属 | 27695 | 34256 | 35761 | 28417 | 0 | 0 |
| 按计量仪器检定的类别分 | | | | | | |
| 长度 | 443886 | 326534 | 314397 | 230771 | 263147 | 186165 |
| 温度 | 2645808 | 118284 | 122190 | 83752 | 104802 | 60590 |
| 力学 | 2757470 | 756244 | 831376 | 840281 | 1090171 | 1153074 |
| #衡器 | 183705 | 171763 | 186012 | 121334 | 126824 | 149461 |
| 电磁 | 2589867 | 101008 | 96207 | 84954 | 41618 | 68615 |
| 光学 | 22254 | 19407 | 20241 | 17169 | 19778 | 18798 |
| 声学 | 10621 | 11846 | 11265 | 13065 | 12156 | 15299 |
| 化学 | 97730 | 88465 | 85820 | 111860 | 85993 | 102454 |
| 电离辐射 | 15932 | 17143 | 23016 | 20250 | 23581 | 22122 |
| 无线电 | 41517 | 41094 | 45200 | 37177 | 37004 | 57151 |
| 时间频率 | 4949 | 4671 | 6199 | 5230 | 6583 | 4443 |
| 其他 | 9784 | 4982 | 5924 | 12311 | 7655 | 12101 |

## 7－7　上海市地方标准制订、修订情况

**(2012～2017年)**

| | 2012 | 2013 | 2014 | 2015 | 2016 | 2017 |
|---|---|---|---|---|---|---|
| 上年末累计(项) | 794 | 938 | 669 | 758 | 864 | 935 |
| 本年度地方标准制订、修订合计(项) | 144 | 126 | 89 | 106 | 71 | 53 |
| 制订 | 122 | 114 | 81 | 98 | 70 | 49 |
| 修订 | 22 | 12 | 8 | 8 | 1 | 4 |
| 地方标准制订、修订按性质分 | | | | | | |
| 强制性 | 60 | 10 | 25 | 49 | 7 | 1 |
| 推荐性 | 84 | 116 | 64 | 57 | 64 | 52 |
| 废止 | 0 | 395 | 0 | 0 | 0 | 1 |
| 本年末累计(项) | 938 | 669 | 758 | 864 | 935 | 987 |
| 强制性 | 406 | 215 | 240 | 289 | 296 | 111 |
| 推荐性 | 532 | 454 | 518 | 575 | 639 | 876 |

## 7－8　上海市产品、商品质量监督检查情况

**（2012～2017 年）**

| | 2012 | 2013 | 2014 | 2015 | 2016 | 2017 |
|---|---|---|---|---|---|---|
| 企业数（个） | 5148 | 4470 | 4328 | 4829 | 5893 | 5006 |
| 检查产品批次数（批次） | 6251 | 5750 | 5991 | 6311 | 7460 | 5907 |
| #合格批次 | 5548 | 5250 | 5357 | 5595 | 6662 | 5206 |
| 批次合格率（%） | 88.8 | 91.3 | 89.4 | 88.7 | 89.3 | 88.1 |

## 7－9　环境保护系统概况

**（2017 年）**

| 环保机构 | | 环境科研、标准情况 | |
|---|---|---|---|
| 环保系统机构数（个）/人数（人） | 64/2243 | 颁布地方环境标准（项） | 2 |
| #环保行政主管部门机构数/人数 | 17/342 | 科研课题数（项） | 55 |
| 环境监测站机构数（个）/人数（人） | 17/951 | 科研课题经费（万元） | 2335 |
| 环境监察机构数（个）/人数（人） | 17/566 | 科技成果数（项） | 0 |
| 核与辐射环境监测站机构数（个）/人数（人） | 6/83 | 获奖科技成果数（项） | 3 |
| 科研机构数（个）/人数（人） | 1/198 | 国家奖 | 0 |
| 宣教机构数（个）/人数（人） | 3/38 | 省部级 | 3 |
| 信息机构数（个）/人数（人） | 1/14 | | |

# 7－10　上海科学技术协会(各级科协)情况

**(2017年)**

| | 合计 | 市级科协 | 区级科协 |
|---|---|---|---|
| 机构和人员 | | | |
| 科协填报个数(个) | 17 | 1 | 16 |
| 机关从业人员(人) | 232 | 58 | 174 |
| #女性 | 108 | 31 | 77 |
| 直属单位(个) | 21 | 10 | 11 |
| 直属单位从业人员(人) | 388 | 249 | 139 |
| 在册学会、协会、研究会(个) | 589 | 199 | 390 |
| 园区科协 | 20 | 0 | 20 |
| #企业科协 | 116 | 0 | 116 |
| 高等院校科协 | 7 | 6 | 1 |
| 街道科协(社区科协) | 51 | 0 | 51 |
| 乡镇科协 | 100 | 0 | 100 |
| 农技协 | 12 | 0 | 12 |
| 举办学术交流活动 | | | |
| 国内学术会议 | | | |
| 举办次数(次) | 79 | 11 | 68 |
| 参加人数(人次) | 69868 | 21100 | 48768 |
| 交流学术论文(篇) | 837 | 157 | 680 |

7－10　续表1

| | 合计 | 市级科协 | 区级科协 |
|---|---|---|---|
| 境内国际学术会议 | | | |
| 举办次数(次) | 4 | 0 | 4 |
| 参加人数(人次) | 1422 | 0 | 1422 |
| 交流学术论文(篇) | 7 | 0 | 7 |
| 科普活动 | | | |
| 科普宣讲活动 | | | |
| 举办次数(次) | 732 | 32 | 700 |
| 受众人数(人次) | 2500381 | 329065 | 2171316 |
| 播放科技广播、影视节目(分钟) | 225328 | 12207 | 213121 |
| 举办实用技术培训 | | | |
| 举办次数(次) | 330 | 16 | 314 |
| 培训人数(人次) | 69016 | 1002 | 68014 |
| 科普基础设施建设 | | | |
| 科技馆 | | | |
| 场馆数(个) | 6 | 0 | 6 |
| 展厅面积(平方米) | 10800 | 0 | 10800 |
| 全年参观人数(人次) | 330434 | 0 | 330434 |
| 青少年科技教育 | | | |
| 青少年科普宣讲 | | | |
| 举办次数(次) | 129 | 8 | 121 |
| 听讲人数(人次) | 185189 | 14980 | 170209 |
| 青少年科技竞赛 | | | |
| 举办次数(次) | 222 | 4 | 218 |
| 参赛人数(人次) | 607849 | 371200 | 236649 |
| 青少年科学营 | | | |
| 举办次数(次) | 57 | 0 | 57 |
| 参加人数(人次) | 11367 | 0 | 11367 |
| 青少年科技教育资料 | | | |
| 编印种类(种) | 6 | 2 | 4 |
| 总印数(册) | 538000 | 4000 | 534000 |

| | 合计 | 市级科协 | 区级科协 |
|---|---|---|---|
| 科技传播 | | | |
| 编著科技图书 | | | |
| 图书种类(种) | 217 | 205 | 12 |
| 总印数(册) | 561614 | 502864 | 58750 |
| 主办科技报纸 | | | |
| 报纸种类(种) | 2 | 2 | 0 |
| 总印数(份) | 3804807 | 3804807 | 0 |
| 制作科普挂图 | | | |
| 挂图种数(种) | 52 | 20 | 32 |
| 总印数(张) | 70256 | 6000 | 64256 |
| 主办科技网站 | | | |
| 网站个数(个) | 16 | 5 | 11 |
| 浏览人数(人次) | 3570134 | 1310297 | 2259837 |
| 服务创新驱动发展 | | | |
| 开展推进大众创业万众创新活动(项) | 73 | 2 | 71 |
| 开展“讲、比”活动企业数(个) | 736 | 0 | 736 |
| 参与“讲、比”活动的科技人员(人次) | 16530 | 0 | 16530 |
| “讲、比”活动中被采纳合理化建议数(条) | 452 | 0 | 452 |
| 专家工作站(服务中心) | | | |
| 工作站(服务中心)个数(个) | 294 | 294 | 0 |
| 专家进(站、中心)人数(人次) | 1294 | 1294 | 0 |
| 科技创新智库建设 | | | |
| 开展研究项目 | | | |
| 研究项目(个) | 2 | 0 | 2 |

7－10　续表 3

| | 合计 | 市级科协 | 区级科协 |
|---|---|---|---|
| 研究经费总额(万元) | 50 | 0 | 50 |
| 参与研究人数(人次) | 4 | 0 | 4 |
| 举办决策咨询活动 | | | |
| 活动次数(次) | 66 | 7 | 59 |
| 参加活动专家数(人次) | 531 | 105 | 426 |
| 提供决策咨询报告 | | | |
| 咨询报告(篇) | 79 | 43 | 36 |
| #获上级领导批示的报告(条) | 9 | 2 | 7 |
| 反映科技工作者建议(条) | 231 | 86 | 145 |
| #获上级领导批示的建议 | 42 | 13 | 29 |
| 答复人大代表议案、建议和政协委员提案(项) | 3 | 0 | 3 |
| 为科技工作者服务 | | | |
| 向省部级(含)以上科技奖项、人才计划(工程)举荐人才数(人次) | 20 | 0 | 20 |
| 向省部级(含)以上科技奖项推荐项目数(项) | 38 | 0 | 38 |
| 举办科学道德和学风建设宣讲活动(场次) | 2 | 2 | 0 |
| 举办继续教育(培训)班(场次) | 8 | 8 | 0 |
| 通过媒体宣传科技工作者人数(人) | 464 | 315 | 149 |
| 表彰奖励科技工作者(人次) | 590 | 12 | 578 |
| #女性科技工作者 | 157 | 7 | 150 |

# 7－11　上海科学技术协会(学会、协会、研究会)情况

**(2017年)**

| 项目 | 2017 | 项目 | 2017 |
| --- | --- | --- | --- |
| 机构和人员 | | 境内国际学术会议 | |
| 学会、协会、研究会个数(个) | 199 | 举办次数(次) | 85 |
| 理事会理事(人) | 8771 | 参加人数(人次) | 60687 |
| #常务理事 | 2548 | 交流学术论文(篇) | 5288 |
| #女性理事 | 1821 | 港澳台地区学术会议 | |
| 专门工作委员会(个) | 496 | 举办次数(次) | 5 |
| 所属分科学会(个) | 1134 | 参加人数(人次) | 655 |
| 个人会员(人) | 288766 | 交流学术论文(篇) | 88 |
| #高级(资深)会员 | 47831 | 科普活动 | |
| #女性会员 | 126980 | 科普宣讲活动 | |
| #外籍会员 | 158 | 举办次数(次) | 748 |
| 学会团体会员(个) | 14914 | 受众人数(人次) | 748160 |
| 学会从业人员(人) | 891 | 播放科技广播、影视节目(分钟) | 3965 |
| 举办学术交流活动 | | 举办实用技术培训 | |
| 国内学术会议 | | 举办次数(次) | 112 |
| 举办次数(次) | 1693 | 培训人数(人次) | 12574 |
| 参加人数(人次) | 261862 | 推广新技术、新品种(项) | 37 |
| 交流学术论文(篇) | 33625 | | |

7－11 续表

| 项目 | 数值 |
|---|---|
| 青少年科技教育 | |
| 青少年科技竞赛 | |
| 举办次数(次) | 38 |
| 参赛人数(人次) | 104488 |
| 青少年科学营 | |
| 举办次数(次) | 14 |
| 参加人数(人次) | 1231 |
| 科技创新智库建设 | |
| 开展研究项目 | |
| 研究项目(个) | 75 |
| 研究经费总额(万元) | 2599 |
| 参加研究人数(人次) | 468 |
| 举办决策咨询活动 | |
| 活动次数(次) | 34 |
| 参加活动专家数(人次) | 1324 |
| 提供决策咨询报告(篇) | 34 |
| #获上级领导批示的报告 | 12 |
| 科技评估(项) | 365 |
| 反映科技工作者建议(条) | 27 |
| #获上级领导批示的建议 | 3 |
| 为科技工作者服务 | |
| 向省部级(含)以上科技奖项、人才计划(工程)举荐人才数 | 138 |
| 向省部级(含)以上科技奖项推荐项目数 | 110 |
| 举荐院士人数 | 9 |
| 表彰奖励科技工作者(人次) | 2645 |
| #女性科技工作者 | 1162 |
| 通过媒体宣传科技工作者人数(人次) | 1208 |
| 科技传播 | |
| 编著科技图书 | |
| 图书种数(种) | 60 |
| 总印数(册) | 277895 |
| 主办科技报纸 | |
| 报纸种数(种) | 4 |
| 总印数(份) | 39200 |
| 制作科普挂图 | |
| 挂图种数(种) | 42 |
| 总印数(册) | 85481 |
| 主办科技网站 | |
| 网站个数(个) | 49 |
| 浏览人数(人次) | 62425492 |

2018

SHANGHAI STATISTICAL YEARBOOK ON SCIENCE AND TECHNOLOGY

上海科技统计年鉴

# 八 技术市场

# 8－1　各类技术合同签订及执行情况

**（2017 年）**

| | 合同项数（项） | 成交额（万元） |
|---|---|---|
| 总计 | 21559 | 8675329 |
| 按合同类别分 | | |
| 技术开发 | 9498 | 5139106 |
| 技术转让 | 912 | 2715866 |
| 技术咨询 | 1819 | 53555 |
| 技术服务 | 9330 | 766802 |
| 按流向分 | | |
| 北京市 | 1487 | 469114 |
| 天津市 | 150 | 87798 |
| 河北省 | 143 | 79021 |
| 山西省 | 59 | 12377 |
| 内蒙古自治区 | 42 | 6601 |
| 辽宁省 | 183 | 27725 |
| 吉林省 | 156 | 158197 |
| 黑龙江省 | 49 | 12493 |
| 上海市 | 12740 | 3460105 |
| 江苏省 | 1554 | 289583 |
| 浙江省 | 1113 | 152297 |
| 安徽省 | 231 | 33545 |
| 福建省 | 169 | 27694 |
| 江西省 | 121 | 34387 |
| 山东省 | 450 | 245181 |
| 河南省 | 154 | 19459 |
| 湖北省 | 234 | 37954 |
| 湖南省 | 96 | 13234 |
| 广东省 | 936 | 2419433 |
| 广西壮族自治区 | 89 | 14210 |
| 海南省 | 58 | 8204 |
| 重庆市 | 86 | 11728 |
| 四川省 | 181 | 36021 |
| 贵州省 | 65 | 11515 |
| 云南省 | 93 | 21260 |
| 西藏自治区 | 18 | 1694 |
| 陕西省 | 192 | 18675 |
| 甘肃省 | 23 | 2319 |
| 青海省 | 15 | 9412 |
| 宁夏回族自治区 | 27 | 6884 |

8-1 续表

| | 合同项数（项） | 成交额（万元） |
|---|---|---|
| 新疆维吾尔自治区 | 70 | 4861 |
| 港、澳、台地区 | 128 | 181516 |
| 国外 | 447 | 760832 |
| 按社会经济目标分 | | |
| 环境保护、生态建设及污染防治 | 999 | 111689 |
| 能源的生产和合理利用 | 692 | 361074 |
| 卫生事业发展 | 3799 | 555581 |
| 教育事业发展 | 645 | 24153 |
| 基础设施以及城市和农村规划 | 637 | 271350 |
| 社会发展和社会服务 | 3194 | 764210 |
| 地球和大气层的探索与利用 | 41 | 2956 |
| 民用空间探测及开发 | 70 | 40112 |
| 农林牧渔业发展 | 196 | 12999 |
| 工商业发展 | 3084 | 2136313 |
| 非定向研究 | 451 | 290140 |
| 其他民用目标 | 3139 | 1261735 |
| 国防 | 167 | 19324 |
| 其他 | 4445 | 2823693 |
| 按技术领域分 | | |
| 电子信息技术 | 7303 | 4633376 |
| 航空航天技术 | 353 | 237147 |
| 先进制造技术 | 2120 | 997921 |
| 生物、医药和医疗器械技术 | 4128 | 996989 |
| 新材料及其应用 | 944 | 140745 |
| 新能源与高效节能 | 1193 | 578474 |
| 环境保护与资源综合利用技术 | 1037 | 56888 |
| 核应用技术 | 38 | 1675 |
| 农业技术 | 177 | 12137 |
| 现代交通 | 683 | 196675 |
| 城市建设与社会发展 | 3583 | 823302 |
| 按知识产权分 | | |
| 技术秘密 | 7737 | 2680909 |
| 专利 | 587 | 513207 |
| 计算机软件 | 2520 | 586260 |
| 动、植物新品种 | 2 | 440 |
| 集成电路布图设计 | 49 | 113291 |
| 生物、医药新品种 | 137 | 35505 |
| 未涉及知识产权 | 10527 | 4755717 |

# 8－2 各级计划项目进入技术市场情况

（2017 年）

| | 合同数（项） | 成交额（万元） | 国家计划 | |
|---|---|---|---|---|
| | | | 合同数（项） | 成交额（万元） |
| 总计 | 21559 | 8675329 | 70 | 36490 |
| 机关法人 | 0 | 0 | 0 | 0 |
| 事业法人 | 8123 | 408153 | 18 | 6843 |
| 社团法人 | 73 | 1067 | 0 | 0 |
| 企业法人 | 13241 | 8194313 | 51 | 28576 |
| 自然人 | 65 | 29992 | 1 | 1071 |
| 其他组织 | 54 | 41804 | 0 | 0 |

8－2 续表 1

| | 部门计划 | | 省、自治区、直辖市 | |
|---|---|---|---|---|
| | 合同数（项） | 成交额（万元） | 合同数（项） | 成交额（万元） |
| 总计 | 287 | 46420 | 343 | 225828 |
| 机关法人 | 0 | 0 | 0 | 0 |
| 事业法人 | 65 | 20297 | 94 | 9789 |
| 社团法人 | 2 | 27 | 3 | 48 |
| 企业法人 | 220 | 26096 | 245 | 215141 |
| 自然人 | 0 | 0 | 1 | 850 |
| 其他组织 | 0 | 0 | 0 | 0 |

8－2 续表 2

| | 地市县计划 | | 计划外 | |
|---|---|---|---|---|
| | 合同数（项） | 成交额（万元） | 合同数（项） | 成交额（万元） |
| 总计 | 217 | 21266 | 20642 | 8345324 |
| 机关法人 | 0 | 0 | 0 | 0 |
| 事业法人 | 6 | 59 | 7943 | 371165 |
| 社团法人 | 0 | 0 | 68 | 992 |
| 企业法人 | 211 | 21207 | 12514 | 7903293 |
| 自然人 | 0 | 0 | 63 | 28071 |
| 其他组织 | 0 | 0 | 54 | 41803 |

# 8－3 技术买方情况

**（2017 年）**

| | 机关法人* | | 事业法人* | |
|---|---|---|---|---|
| | 合同数（项） | 成交额（万元） | 合同数（项） | 成交额（万元） |
| 总计 | 1147 | 76616 | 3281 | 196215 |
| 机关法人 | 0 | 0 | 0 | 0 |
| 事业法人 | 267 | 8433 | 1309 | 41321 |
| 社团法人 | 11 | 54 | 11 | 689 |
| 企业法人 | 869 | 68129 | 1957 | 154005 |
| 自然人 | 0 | 0 | 3 | 192 |
| 其他组织 | 0 | 0 | 1 | 8 |

8－3 续表 1

| | 社团法人* | | 企业法人* | |
|---|---|---|---|---|
| | 合同数（项） | 成交额（万元） | 合同数（项） | 成交额（万元） |
| 总计 | 91 | 2367 | 16479 | 8289886 |
| 机关法人 | 0 | 0 | 0 | 0 |
| 事业法人 | 42 | 525 | 6459 | 355351 |
| 社团法人 | 0 | 0 | 49 | 304 |
| 企业法人 | 49 | 1842 | 9857 | 7862663 |
| 自然人 | 0 | 0 | 61 | 29772 |
| 其他组织 | 0 | 0 | 53 | 41796 |

8－3 续表 2

| | 自然人* | | 其他组织* | |
|---|---|---|---|---|
| | 合同数（项） | 成交额（万元） | 合同数（项） | 成交额（万元） |
| 总计 | 319 | 33567 | 242 | 76678 |
| 机关法人 | 0 | 0 | 0 | 0 |
| 事业法人 | 14 | 233 | 35 | 2290 |
| 社团法人 | 0 | 0 | 2 | 20 |
| 企业法人 | 305 | 33334 | 204 | 74340 |
| 自然人 | 0 | 0 | 1 | 28 |
| 其他组织 | 0 | 0 | 0 | 0 |

* 为买方。

2018

SHANGHAI
STATISTICAL YEARBOOK
ON SCIENCE
AND TECHNOLOGY

上海科技统计年鉴

# 九 专利、论文、成果和获奖

# 9－1　国内专利申请情况

**(2012~2017年)**

| | 2012 | 2013 | 2014 | 2015 | 2016 | 2017 |
|---|---|---|---|---|---|---|
| 专利申请数(件) | 82682 | 86450 | 81664 | 100006 | 119937 | 131746 |
| 按专利类型分 | | | | | | |
| 发明 | 37139 | 39157 | 39133 | 46976 | 54339 | 54633 |
| 实用新型 | 33166 | 35584 | 33264 | 41736 | 51836 | 60928 |
| 外观设计 | 12377 | 11709 | 9267 | 11294 | 13762 | 16185 |

# 9－2　国内专利授权情况

**(2012~2017年)**

| | 2012 | 2013 | 2014 | 2015 | 2016 | 2017 |
|---|---|---|---|---|---|---|
| 专利授权数(件) | 51508 | 48680 | 50488 | 60623 | 64230 | 72806 |
| 按专利类型分 | | | | | | |
| 发明 | 11379 | 10644 | 11614 | 17601 | 20086 | 20681 |
| 实用新型 | 29543 | 29859 | 30704 | 33131 | 34101 | 39942 |
| 外观设计 | 10586 | 8177 | 8170 | 9891 | 10043 | 12183 |

# 9－3　国外主要检索工具收录科技论文情况

**(2011~2016年)**

| | 2011 | 2012 | 2013 | 2014 | 2015 | 2016 |
|---|---|---|---|---|---|---|
| 合计(篇) | 27672 | 28597 | 34191 | 37134 | 42902 | 47369 |
| SCI | 14350 | 16105 | 18967 | 22210 | 24818 | 26304 |
| EI | 9851 | 9223 | 11939 | 11832 | 15328 | 15834 |
| ISTP | 3471 | 3269 | 3285 | 3092 | 2756 | 5231 |
| 比重(%) | | | | | | |
| SCI | 51.9 | 56.3 | 55.5 | 59.8 | 57.9 | 55.5 |
| EI | 35.6 | 32.3 | 34.9 | 31.9 | 35.7 | 33.4 |
| ISTP | 12.5 | 11.4 | 9.6 | 8.3 | 6.4 | 11.1 |

# 9－4　国内论文发表情况

**（2011～2016 年）**

| | 2011 年（篇） | 2012 年（篇） | 2013 年（篇） | 2014 年（篇） | 2015 年（篇） | 2016 年（篇） |
|---|---|---|---|---|---|---|
| 上海 | 31803 | 32473 | 31210 | 29708 | 28980 | 29534 |
| 国内排名 | 4 | 4 | 4 | 4 | 4 | 3 |

# 9－5　重大科技成果情况

**（2012～2017 年）**

| | 2012 | 2013 | 2014 | 2015 | 2016 | 2017 |
|---|---|---|---|---|---|---|
| 合计(项) | 2415 | 2490 | 2384 | 2356 | 2245 | 2028 |
| 按计划分 | | | | | | |
| 国家计划 | 469 | 324 | 425 | 387 | 417 | 362 |
| 部门计划 | 143 | 156 | 188 | 182 | 137 | 152 |
| 地方计划 | 451 | 514 | 606 | 545 | 584 | 533 |
| 部门基金 | 62 | 82 | 26 | 40 | 26 | 18 |
| 地方基金 | 233 | 319 | 215 | 219 | 156 | 176 |
| 民间基金 | 6 | 1 | 5 | 3 | 1 | 3 |
| 国际合作 | 25 | 13 | 7 | 11 | 2 | 9 |
| 横向委托 | 57 | 79 | 67 | 68 | 78 | 50 |
| 自选 | 563 | 716 | 696 | 772 | 653 | 640 |
| 其他 | 405 | 181 | 124 | 122 | 191 | 85 |
| 按单位分 | | | | | | |
| 独立科研机构 | 580 | 679 | 623 | 691 | 766 | 453 |
| 大专院校 | 232 | 251 | 271 | 194 | 235 | 239 |
| 企业 | 1079 | 982 | 893 | 1003 | 762 | 807 |
| 医疗机构 | 334 | 432 | 398 | 322 | 350 | 386 |
| 其他 | 190 | 146 | 199 | 146 | 132 | 143 |
| 按技术水平分 | | | | | | |
| 国际领先 | 177 | 125 | 108 | 125 | 122 | 102 |
| 国际先进 | 572 | 462 | 423 | 367 | 364 | 349 |
| 国内领先 | 596 | 548 | 531 | 467 | 438 | 437 |
| 国内先进 | 142 | 164 | 149 | 155 | 189 | 131 |
| 其他 | 625 | 853 | 812 | 926 | 796 | 769 |
| 按成果类别分 | | | | | | |
| 基础理论成果 | 218 | 248 | 263 | 239 | 272 | 181 |
| 应用技术成果 | 2112 | 2152 | 2023 | 2040 | 1909 | 1788 |
| 软科学成果 | 85 | 90 | 98 | 77 | 64 | 59 |

# 9－6　获国家级科技奖励情况

**（2007～2017 年）**

| | 2007 | 2008 | 2009 | 2010 | 2011 | 2012 | 2013 | 2014 | 2015 | 2016 | 2017 |
|---|---|---|---|---|---|---|---|---|---|---|---|
| 最高科学技术奖（人） | | | 1 | 1 | | | | | | | |
| 自然科学奖合计（项） | 9 | 3 | 4 | 6 | 5 | 7 | 7 | 7 | 5 | 5 | 6 |
| 特等奖 | | | | | | | | | | | |
| 一等奖 | | | | | | | | | | | 1 |
| 二等奖 | 9 | 3 | 4 | 6 | 5 | 7 | 7 | 7 | 5 | 5 | 5 |
| 三等奖 | | | | | | | | | | | |
| 四等奖 | | | | | | | | | | | |
| 技术发明奖合计（项） | 4 | 6 | 3 | 4 | 7 | 7 | 7 | 8 | 6 | 8 | 11 |
| 特等奖 | | | | | | | | | | | |
| 一等奖 | | | | | | | | | | | |
| 二等奖 | 4 | 6 | 3 | 4 | 7 | 7 | 7 | 8 | 6 | 8 | 11 |
| 三等奖 | | | | | | | | | | | |
| 四等奖 | | | | | | | | | | | |
| 科技进步奖合计（项） | 39 | 48 | 47 | 46 | 41 | 36 | 36 | 39 | 31 | 38 | 39 |
| 特等奖 | 1 | 3 | 2 | 2 | | 3 | 1 | 1 | 3 | 1 | 2 |
| 一等奖 | 4 | 6 | 4 | 4 | 1 | 4 | 4 | 6 | 6 | 3 | 3 |
| 二等奖 | 34 | 39 | 41 | 40 | 40 | 29 | 31 | 32 | 22 | 34 | 34 |
| 三等奖 | | | | | | | | | | | |
| 国际科技合作奖（人） | 2 | | 1 | 1 | 3 | 1 | 2 | | | 1 | 2 |

## 9－7 上海市科学技术奖情况

**（2011～2017年）**

| | 2011 | 2012 | 2013 | 2014 | 2015 | 2016 | 2017 |
|---|---|---|---|---|---|---|---|
| 上海市科学技术奖（项、人） | 326 | 282 | 298 | 287 | 313 | 265 | 272 |
| 科技功臣奖（人） | 2 | — | 2 | — | 2 | — | 2 |
| 自然科学奖（项） | 23 | 20 | 28 | 26 | 31 | 22 | 21 |
| 特等奖 | — | — | — | 1 | — | — | — |
| 一等奖 | 9 | 8 | 8 | 12 | 9 | 8 | 11 |
| 二等奖 | 5 | 5 | 10 | 6 | 9 | 8 | 5 |
| 三等奖 | 9 | 7 | 10 | 7 | 13 | 6 | 5 |
| 技术发明奖（项） | 22 | 29 | 43 | 26 | 32 | 30 | 31 |
| 特等奖 | — | — | — | — | 1 | 1 | — |
| 一等奖 | 5 | 8 | 6 | 6 | 8 | 9 | 10 |
| 二等奖 | 7 | 8 | 20 | 11 | 11 | 14 | 12 |
| 三等奖 | 10 | 13 | 17 | 9 | 12 | 6 | 9 |
| 科技进步奖（项） | 277 | 221 | 224 | 222 | 243 | 201 | 216 |
| 特等奖 | — | 1 | — | — | — | 1 | — |
| 一等奖 | 42 | 38 | 35 | 31 | 31 | 30 | 33 |
| 二等奖 | 85 | 76 | 87 | 70 | 80 | 62 | 69 |
| 三等奖 | 150 | 106 | 102 | 121 | 132 | 108 | 114 |
| 国际科技合作奖（人） | 2 | 3 | 1 | 3 | 5 | 2 | 2 |
| 青年科技杰出贡献奖（人） | — | 9 | — | 10 | — | 10 | — |

## 9－8 上海科技功臣奖情况

**（2003～2017年）**

| | 合计（名） | 科技功臣 |
|---|---|---|
| 2003 | 2 | 张文军　张永莲 |
| 2005 | 2 | 蒋锡夔　汤钊猷 |
| 2007 | 2 | 李大潜　戴尅戎 |
| 2009 | 2 | 陈灏珠　管彤贤 |
| 2011 | 2 | 周良辅　贺　林 |
| 2013 | 2 | 金东寒　何积丰 |
| 2015 | 2 | 金亚秋　丁文江 |
| 2017 | 2 | 林国强　王　曦 |

2018

SHANGHAI
STATISTICAL YEARBOOK
ON SCIENCE
AND TECHNOLOGY

上海科技统计年鉴

# 十 科学普及

# 10－1 科普人员情况

**（2017 年）**

| | 合计 | 区属 | 市系统属* | #市科普教育基地 |
|---|---|---|---|---|
| 科普专职人员（人） | 8631 | 4749 | 3882 | 3477 |
| #中级职称以上或大学本科以上学历人员 | 6213 | 3019 | 3194 | 2347 |
| #女性 | 4315 | 2552 | 1763 | 1866 |
| #农村科普人员 | 1016 | 906 | 110 | 149 |
| #管理人员 | 2119 | 1305 | 814 | 874 |
| #科普创作人员 | 1323 | 270 | 1053 | 561 |
| #科普讲解员 | 2091 | 1052 | 1039 | 1513 |
| 科普兼职人员（人） | 46218 | 26406 | 19812 | 8771 |
| #中级职称以上或大学本科以上学历人员 | 28804 | 13849 | 14955 | 5349 |
| #女性 | 25515 | 15395 | 10120 | 4626 |
| #农村科普人员 | 4493 | 3726 | 767 | 184 |
| #科普讲解员 | 7117 | 3469 | 3648 | 3146 |
| 年度实际投入工作量（人月） | 79826 | 50697 | 29129 | 14398 |
| 注册科普志愿者 | 99140 | 40393 | 58747 | 38866 |

# 10－2 科普经费情况

**（2017 年）**

| | 合计 | 区属 | 市系统属* | #市科普教育基地 |
|---|---|---|---|---|
| 年度科普经费筹集额（万元） | 170285 | 49480 | 120806 | 115973 |
| 政府拨款 | 111543 | 33637 | 77906 | 67012 |
| #科普专项经费 | 54234 | 19629 | 34605 | 26069 |
| 捐赠 | 724 | 7 | 717 | 210 |
| 自筹资金 | 53407 | 14858 | 38549 | 45663 |
| 其他收入 | 4612 | 978 | 3634 | 3088 |
| 年度科普经费使用额（万元） | 162068 | 46919 | 115149 | 109753 |
| 行政支出 | 8624 | 4253 | 4371 | 4625 |
| 科普活动支出 | 103858 | 27201 | 76658 | 60797 |
| 科普场馆基建支出 | 45717 | 13405 | 32312 | 42380 |
| #政府拨款支出 | 22099 | 5075 | 17024 | 19449 |
| #场馆建设支出 | 17444 | 7692 | 9753 | 16028 |
| 展品、设施支出 | 25180 | 5189 | 19991 | 23330 |
| 其他支出 | 3869 | 2061 | 1809 | 1951 |
| 科技活动周经费专项统计 | | | | |
| 科技活动周经费筹集额（万元） | 6170 | 2665 | 3505 | 2370 |
| #政府拨款 | 4866 | 1952 | 2914 | 1464 |
| 企业赞助 | 566 | 407 | 160 | 469 |

*本章所有系统属指发展改革、科技管理、科协、教育、国土资源、人力资源社会保障、农业、文化、卫生和计划生育、环保、新闻出版广电、林业、旅游、社科院、地震、气象、共青团组织、妇联、工会、工业和信息化、公安、民宗委、民政局、安全生产监督局、食药监局、粮食局、水务局、体育局、民防办、质量检验检疫局等其他系统机构的主管部门。（中央在沪各机构及单位由国家相关主管部委统计。）

# 10－3 科普场地情况

（2017 年）

| | 合计 | 区属 | 市系统属* | #市科普教育基地 |
|---|---|---|---|---|
| 科普场馆 | | | | |
| 科技馆 | | | | |
| 场馆个数（个） | 30 | 16 | 14 | 30 |
| 建筑面积（平方米） | 188485 | 41535 | 146950 | 188485 |
| 展厅面积（平方米） | 117314 | 24623 | 92691 | 117314 |
| 参观人次（人次） | 5432095 | 655741 | 4776354 | 5432095 |
| 常设展品（件） | 12395 | 1639 | 10756 | 12395 |
| 年累计免费开放天数（天） | 7147 | 3832 | 3315 | 7147 |
| 科学技术博物馆 | | | | |
| 场馆个数（个） | 131 | 74 | 57 | 129 |
| 建筑面积（平方米） | 800719 | 314843 | 485876 | 798686 |
| 展厅面积（平方米） | 440622 | 180790 | 259832 | 439222 |
| 参观人次（人次） | 18565270 | 9727752 | 8837518 | 18549812 |
| 常设展品（件） | 410849 | 68633 | 342216 | 376837 |
| 年累计免费开放天数（天） | 26861 | 16058 | 10803 | 26456 |
| 青少年科技馆站（个） | 24 | 0 | 24 | 19 |
| 建筑面积（平方米） | 89107 | 0 | 89107 | 75219 |
| 展厅面积（平方米） | 25981 | 0 | 25981 | 22711 |
| 参观人次（人次） | 2537832 | 0 | 2537832 | 2418832 |
| 常设展品（件） | 2599 | 0 | 2599 | 2381 |
| 年累计免费开放天数（天） | 6435 | 0 | 6435 | 5183 |
| 非场馆类科普基地 | | | | |
| 个数（个） | 238 | 166 | 72 | 126 |
| 科普展厅面积（平方米） | 781256 | 469258 | 311998 | 686220 |
| 当年参观人数（人次） | 15574169 | 8524302 | 7049867 | 13003462 |
| 公共场所科普宣传设施 | | | | |
| 城市社区科普（技）专用活动室（个） | 3531 | 3129 | 402 | 43 |
| 农村科普（技）活动场地（个） | 1751 | 1606 | 145 | 32 |
| 科普宣传专用车（辆） | 53 | 30 | 23 | 40 |
| 科普画廊（个） | 7597 | 6662 | 935 | 263 |
| 科普（技）教育基地 | | | | |
| 国家级科普（技）教育基地（个） | 62 | 24 | 38 | 61 |
| #享受过税收优惠的基地（个） | 19 | 7 | 12 | 19 |
| 参观人次（人次） | 24794737 | 5393064 | 19401673 | 24744737 |
| 省级科普（技）教育基地（个） | 329 | 180 | 149 | 329 |
| #享受过税收优惠的基地（个） | 49 | 24 | 25 | 49 |
| 参观人次（人次） | 62362325 | 16712658 | 45649667 | 62362325 |

# 10－4　科普传媒情况

**（2017年）**

| | 合计 | 区属 | 市系统属* | #市科普教育基地 |
|---|---|---|---|---|
| 科普图书 | | | | |
| 出版种数（种） | 998 | 70 | 928 | 219 |
| 年出版总册数（册） | 5224896 | 329781 | 4895115 | 1021938 |
| 科普期刊 | | | | |
| 出版种数（种） | 114 | 17 | 97 | 41 |
| 年出版总册数（册） | 17456700 | 262250 | 17194450 | 2091200 |
| 出版科普（技）音像制品 | | | | |
| 出版种数（种） | 76 | 20 | 56 | 14 |
| 光盘发行总量（张） | 485655 | 23071 | 462584 | 21500 |
| 录音、录像带发行总量（盒） | 1500 | 1300 | 200 | 1200 |
| 科技类报纸年发行总数（份） | 14851913 | 1406315 | 13445598 | 6156160 |
| 电视台播出科普（技）节目时间（小时） | 6394 | 1669 | 4725 | 895 |
| 电台播出科普（技）节目时间（小时） | 5292 | 1663 | 3629 | 479 |
| 科普网站个数（个） | 212 | 78 | 134 | 111 |
| 发放科普读物和资料（份） | 32457910 | 12811497 | 19646413 | 10685484 |
| 电子科普屏数量（块） | 9610 | 3794 | 5816 | 2534 |

# 10－5　科普活动情况

（2017 年）

| | 合计 | 区属 | 市系统属* | #市科普教育基地 |
|---|---|---|---|---|
| 科普(技)讲座 | | | | |
| 举办次数(次) | 65930 | 39227 | 26703 | 8292 |
| 参加人数(人次) | 8063426 | 3350638 | 4712788 | 3288756 |
| 科普(技)展览 | | | | |
| 专题展览次数(次) | 5704 | 3566 | 2138 | 2195 |
| 参加人数(人次) | 17356382 | 4790738 | 12565644 | 10972958 |
| 科普(技)竞赛 | | | | |
| 举办次数(次) | 3581 | 1619 | 1962 | 1642 |
| 参加人数(人次) | 4005718 | 911759 | 3093959 | 2180015 |
| 科普国际交流 | | | | |
| 举办次数(次) | 348 | 142 | 206 | 253 |
| 参加人数(人次) | 69971 | 23803 | 46168 | 56753 |
| 青少年科技兴趣小组 | | | | |
| 个数(次) | 7620 | 1793 | 5827 | 2394 |
| 参加人数(人次) | 600452 | 191356 | 409096 | 260410 |
| 科技夏(冬)令营 | | | | |
| 举办次数(次) | 1740 | 903 | 837 | 889 |
| 参加人数(人次) | 245792 | 125316 | 120476 | 148882 |
| 科技活动周 | | | | |
| 科普专题活动次数(次) | 6000 | 4441 | 1559 | 840 |
| 参加人数(人次) | 7503156 | 4137454 | 3365702 | 1560202 |
| 大学、科研机构向社会开放 | | | | |
| 开放单位个数(个) | 90 | 9 | 81 | 56 |
| 参观人次(人次) | 274167 | 11211 | 262956 | 240665 |
| 举办实用技术培训(次) | 15442 | 8270 | 7172 | 1270 |
| 参加人次(人次) | 3376064 | 569013 | 2807051 | 477796 |
| 重大科普活动次数(次) | 1101 | 542 | 559 | 595 |

# 10－6　上海市科普教育基地情况

**（2017年）**

| 科普教育基地名称 | 地　址 | 命名年份 |
| --- | --- | --- |
| 黄浦区 | | |
| 上海城市规划展示馆 | 人民大道100号 | 2000 |
| 708所舰船科普教育基地 | 中山南一路168号 | 1996 |
| 上海隧道科技馆 | 中华路268号 | 2005 |
| 上海市档案馆（外滩新馆） | 中山东二路9号 | 2006 |
| 上海高新技术成果转化展示厅 | 北京东路668号东楼三楼 | 2007 |
| 上海青少年科技探索馆 | 建国西路137号 | 2000 |
| 上海创意产业科普教育基地 | 建国中路8号 | 2009 |
| 上海民防科普教育馆 | 瑞金二路108号 | 2010 |
| 上海科学会堂科普教育基地 | 南昌路57号 | 2010 |
| 上海电信博物馆 | 延安东路34号 | 2012 |
| 杜莎夫人蜡像科普馆 | 南京西路2-68号新世界十楼 | 2013 |
| 上海市银行博物馆 | 复兴中路301号 | 2004 |
| 上海民间工艺科普馆 | 黄家阙路157号 | 2016 |
| 上海周虎臣曹素功笔墨博物馆 | 福州路429号 | 2016 |
| 徐汇区 | | |
| 上海轨道交通科普教育基地 | 中山西路1999号 | 2000 |
| 上海昆虫博物馆 | 枫林路300号 | 1998 |
| 上海第六人民医院科普教育基地 | 宜山路600号 | 1999 |
| 上海市气象局科普教育基地 | 蒲西路166号 | 1999 |
| 上海公安博物馆 | 瑞金南路518号 | 1999 |
| 上师大生物与环境知识科普教育基地 | 桂林路100号第一教学大楼4楼 | 1999 |
| 上海交通大学董浩云航运博物馆 | 华山路1954号 | 1996 |
| 上海图书馆 | 淮海中路1555号 | 2000 |
| 上海市徐汇区青少年活动中心 | 田林东路8号 | 2000 |
| 上海植物园 | 龙吴路1111号 | 1998 |
| 上海市科技艺术教育中心 | 中山西路1245弄1号 | 2000 |
| 上海市社会保障和市民服务中心科普教育基地 | 桂平路471号6号楼5F | 2003 |
| 创新材料展览馆 | 田林路222号 | 2011 |
| 黄道婆纪念馆 | 徐梅路700号 | 2004 |

10-6 续表 1

| 科普教育基地名称 | 地 址 | 命名年份 |
| --- | --- | --- |
| 徐光启纪念馆 | 南丹路 17 号 | 2005 |
| 今日漕河泾展示厅 | 宜山路 868 号 | 2006 |
| 康健低碳科普园 | 桂林路 91 号(2018 年摘牌) | 2011 |
| 上海电影博物馆 | 漕溪北路 595 号 | 2013 |
| 上海电力科普体验中心 | 南丹东路 218 号 1 楼 | 2013 |
| 钱学森图书馆 | 华山路 1800 号 | 2013 |
| 海洋工程科普基地 | 华山路 1954 号 | 2014 |
| 上海老照相机制造博物馆 | 安福路 300 号 3 楼 | 2013 |
| 人体科学馆 | 东安路 131 号 | 2015 |
| 长宁区 | | |
| 上海天山水质净化科普教育基地 | 天山路 31 号 | 1996 |
| 东华大学 | 延安西路 1882 号 | 1996 |
| 上海儿童博物馆 | 宋园路 61 号 | 1996 |
| 上海动物园 | 虹桥路 2381 号 | 1997 |
| 上海市同仁医院科普教育基地 | 仙霞路 1111 号 | 1999 |
| 上海市长宁区少年科技指导站 | 安化路 222 号 | 2000 |
| 上海少儿知识传播教育基地 | 延安西路 1538 号 | 2000 |
| 沪杏科技图书馆 | 虹桥路 2216 号 | 2000 |
| 上海无机材料科普教育基地 | 定西路 1295 号 | 2003 |
| 中国(上海)高技能人才公共实训中心 | 天山路 1800 号 | 2003 |
| 上海消防博物馆 | 中山西路 229 号 | 2008 |
| 上海微系统与信息技术科普教育基地 | 长宁路 865 号 5 楼 4 楼 | 2005 |
| 上海爱尔眼科医院科普基地 | 虹桥路 1286 号 | 2006 |
| 上海市血液中心科普教育基地 | 虹桥路 1191 号 | 2006 |
| 上海纺织服饰博物馆 | 延安西路 1882 号 | 2009 |
| 电能计量展示厅 | 天山路 1758 号 | 2013 |
| 上海青少年工艺美术科普教育基地 | 延安西路 1731 号天山公园内 | 2016 |
| 邬达克建筑科学科普基地 | 番禺路 129 号 | 2017 |
| 静安区 | | |
| 上海计算技术科普教育基地 | 愚园路 546 号 | 1997 |

| 科普教育基地名称 | 地 址 | 命名年份 |
|---|---|---|
| 上海人口视听国际交流中心 | 陕西南路122号 | 1997 |
| 上海静安健康体质指导中心 | 江宁路420号(2018年摘牌) | 2004 |
| 上海市静安区青少年活动中心 | 胶州路15号 | 2000 |
| 中国福利会少年宫 | 延安西路64号 | 2007 |
| 上海自然博物馆 | 北京西路510号 | 2014 |
| 上海市禁毒科普教育馆 | 汉中路188号 | 1997 |
| 竹园第一污水输送科普教育基地 | 普善路606号 | 1998 |
| 上海大学机器人科普教育基地 | 延长路149号 | 1998 |
| 上海市北医院健康科普教育基地 | 共和新路4500号 | 1999 |
| 上海印务中心沪太科普教育基地 | 灵石路709号 | 2000 |
| 上海市中医医院科普教育基地 | 芷江中路274号 | 2000 |
| 上海静安区闸北中小学科技指导站 | 芷江西路249号 | 2000 |
| 上海铁路博物馆 | 天目东路200号 | 2005 |
| 上海眼镜博物馆 | 宝昌路533号 | 2006 |
| 上海幻维影视动画科普教育基地 | 广中西路777弄11号 | 2010 |
| 中国乳业博物馆 | 江场西路1518号 | 2012 |
| 静安区闸北青少年活动中心 | 阳曲路330号 | 2013 |
| 心脑血管科普教育基地 | 延长中路301号上海市第十人民医院2号楼1楼 | 2016 |
| 火车头探密科普体验馆 | 共和新路951号25幢 | 2017 |
| 普陀区 | | |
| 上海长风海洋世界科普馆 | 大渡河路451号 | 1998 |
| 上海普陀区青少年中心 | 枣阳路108号 | 2000 |
| 苏州河梦清园环保主题公园 | 宜昌路130号 | 2006 |
| 上海化工化学科普教育基地 | 云岭东路345号 | 2007 |
| 普陀区中小学社会实践服务中心(安亭基地) | 嘉定区民丰路1118号 | 2008 |
| 上海红星美凯龙公元2050—2500体验馆 | 真北路1108号5楼 | 2009 |
| 上海长风游艇游船馆 | 大渡河路160号 | 2009 |
| 上海天地软件园科普教育基地 | 中江路879弄2号楼1楼 | 2009 |
| 上海纺织博物馆 | 澳门路128号 | 2009 |

10-6 续表3

| 科普教育基地名称 | 地 址 | 命名年份 |
|---|---|---|
| 上海商标火花展示馆 | 大渡河路521号 | 2010 |
| 上海长风公园科普教育基地 | 枣阳路839号 | 2012 |
| 上海儿童益智互动探索中心 | 大渡河路196号201-301室 | 2016 |
| 上海延华智慧城市科普馆 | 西康路1255号17楼 | 2017 |
| 上海成龙电影艺术馆 | 云岭东路88号 | 2017 |
| 虹口区 | | |
| 上海曲阳污水处理科普教育基地 | 东体育会路430号 | 1998 |
| 上海虹口区青少年活动中心 | 欧阳路67号 | 2000 |
| 上海邮政博物馆 | 北苏州路250号 | 2006 |
| 上海南湖汽车知识科普基地 | 邯郸路53号 | 2009 |
| 上海岳阳医院科普教育基地 | 甘河路110号 | 2009 |
| 上海花园坊节能环保科普基地 | 中山北一路121号 | 2009 |
| 上海科学节能展示馆 | 花园路171号A1 | 2010 |
| 上海玩具博物馆 | 凉城路1315号 | 2015 |
| 杨浦区 | | |
| 同济大学深海科学科普教育基地 | 四平路1239号 | 1996 |
| 复旦大学生物学科普基地 | 邯郸路220号生命科学学院 | 1998 |
| 上海共青植物生态科普教育基地 | 军工路2000号 | 1998 |
| 上海印刷博物馆 | 水丰路100号图书馆四楼 | 1999 |
| 上海海洋大学博物馆 | 军工路318号 | 1999 |
| 航海医学科普教育基地 | 翔殷路880号 | 2000 |
| 上海市杨浦区青少年科技站 | 隆昌路680号 | 2000 |
| 上海理工大学虚拟制造技术科普教育基地 | 军工路516号 | 1999 |
| 上海院士风采馆 | 国顺东路369号 | 2006 |
| 上海自来水科技馆 | 杨树浦路830号 | 2006 |
| 中国武术博物馆 | 长海路399号 | 2008 |
| 中国电线电缆科技展览馆 | 军工路1000号新大楼1楼 | 2008 |
| 上海云计算创新展示中心 | 伟德路6号云海大厦1楼、12楼、13楼 | 2009 |
| 上海排水科技馆 | 长阳路2668号 | 2009 |
| 上海安徒生童话科普教育基地 | 新江湾城国弘路200号 | 2010 |

10－6　续表4

| 科普教育基地名称 | 地　址 | 命名年份 |
| --- | --- | --- |
| 上海海洋生物科普馆 | 军工路300号 | 2010 |
| 国歌展示馆 | 荆州路151号 | 2011 |
| 黄兴科普公园 | 营口路699号 | 2014 |
| 物联网技术创新科普基地 | 逸仙路135号 | 2014 |
| 上海科技创业展示厅 | 国定东路200号5号楼 | 2014 |
| 立秀宝-儿童生活体验中心 | 殷行路1286号嘉誉国际广场2号楼1201、1206室 | 2017 |
| 上海珍得巧克力制作科普教育基地 | 杨树浦路2866号63栋(9号楼) | 2017 |
| 闵行区 | | |
| 上海市农业科学院科普教育基地 | 北翟路2901号 | 1998 |
| 上海闵行苗圃科普教育基地 | 沪闵路3045号 | 1999 |
| 上海市闵行区青少年活动中心 | 珠城路168号 | 2000 |
| 上海航空科普馆 | 沪闵路7900号 | 1996 |
| 上海市闵行区博物馆 | 名都路85号2楼 | 2004 |
| 上海闵行体育公园 | 新镇路456号 | 2005 |
| 上海正义园艺科普教育基地 | 浦江镇永南路1668号 | 2006 |
| 上海浦江镇青少年教育培训中心 | 立跃路3889号 | 2006 |
| 上海健康生活体验馆 | 兰坪路160号 | 2006 |
| 上海太阳能科普教育基地 | 莘庄工业区申南路555号 | 2007 |
| 上海城市园艺场 | 浦江镇鲁汇永南路711弄555号 | 2009 |
| 上海闵行污水处理中水回用科普教育基地 | 疏影路516号(2018年摘牌) | 2009 |
| 上房植物造景科普教育基地 | 浦江镇芦恒路1398号 | 2009 |
| 星期8小镇-儿童科学生活体验馆 | 都市路5001号5楼 | 2010 |
| 上海城市园艺用品科普教育基地 | 元江路5000号 | 2010 |
| 上海交大生物转基因科普教育基地 | 剑川路501号 | 2010 |
| 华师大物理学科普教育基地 | 东川路500号实验A楼 | 2011 |
| 上海烘焙科普教育基地 | 金都路3679弄25号 | 2011 |
| 智能安全科普教育基地 | 都会路909号 | 2012 |
| 闵行区防震减灾科普馆 | 浦江镇江协路151号 | 2012 |
| 召稼楼古镇礼园 | 浦江镇沈杜公路2059号 | 2013 |

10－6 续表5

| 科普教育基地名称 | 地 址 | 命名年份 |
|---|---|---|
| 上海韩湘水博园 | 江川路3805号 | 2013 |
| 上海光明酸奶科技展示馆 | 紫东路489号 | 2013 |
| 上海葡萄酒博览馆 | 北翟路2869号 | 2014 |
| 浦江绿谷低碳农业科普基地 | 浦江镇联民村5组 | 2014 |
| 基因园 | 北翟路2901号 | 2015 |
| 华漕消防科普馆 | 纪翟路1655号 | 2015 |
| 上海地铁博物馆 | 吴中路1779号 | 2016 |
| 倍趣科学体验中心 | 沪星路105号车配龙生活欢乐港3楼 | 2016 |
| 上海航育航天种植科普基地 | 联跃西路200号 | 2017 |
| 上海老年慢病管理科普教育基地 | 鹤庆路801号 | 2017 |
| 宝山区 | | |
| 海军上海博览馆 | 吴淞塘后路68号(2018年摘牌) | 1998 |
| 上海宝山区青少年科学技术指导站 | 同济支路201弄6号 | 2000 |
| 上海市宝山区气象馆 | 友谊路1888号 | 2004 |
| 上海东方假日田园 | 罗店镇联杨路3888号 | 2006 |
| 上海吴淞炮台湾湿地森林公园 | 塘后路206号 | 2008 |
| 上海东方泵业科普教育基地 | 富联路1588号 | 2008 |
| 上海闻道园 | 潘泾路2888号 | 2010 |
| 上海长江河口科技馆 | 塘后路206号 | 2011 |
| 中国工业设计博物馆 | 逸仙路3000号长逸路1号 | 2011 |
| 上海宝山国际民间艺术博览馆 | 沪太路4788号 | 2011 |
| 上海玻璃博物馆 | 长江西路685号 | 2011 |
| 上海陶瓷科技艺术馆 | 逸仙路300号3号楼3层 | 2011 |
| 顾村公园 | 沪太路4788号 | 2012 |
| 生活垃圾处理科普教育基地 | 虎林路950号 | 2012 |
| 宝山区地震科普馆 | 杨行镇松兰路826号 | 2013 |
| 上海木文化博览园 | 沪太路2695号 | 2014 |
| 幻影机器人庄园 | 富联路888号 | 2016 |
| 上海桥梁病害陈列馆 | 丰翔路1299号 | 2016 |

10－6 续表6

| 科普教育基地名称 | 地 址 | 命名年份 |
| --- | --- | --- |
| 上海赛安基因健康科普基地 | 上大路1号 | 2017 |
| 嘉定区 | | |
| 上海神光激光技术科普教育基地 | 清河路390号 | 1996 |
| 上海市嘉定区青少年活动中心 | 清河路196号 | 2003 |
| 上海市嘉定区气象馆 | 永盛路2068号 | 2005 |
| 上海汽车博物馆 | 安亭博园路7565号 | 2007 |
| 上海古猗园科普教育基地 | 沪宜路218号 | 2008 |
| 上海马陆葡萄公园 | 马陆镇大治路29号 | 2008 |
| 上海益力多乳品科普教育基地 | 嘉定工业区伊宁路986号 | 2008 |
| 上海万金观赏鱼科普教育基地 | 徐行镇伏耀路465号 | 2009 |
| 上海市市民健康科普园 | 嘉安公路1735弄558号 | 2009 |
| 上海武科举博物馆 | 徐行镇新建一路2258号(2018年摘牌) | 2010 |
| 上海嘉定现代农业园科普教育基地 | 华亭镇霜竹公路518号 | 2011 |
| 太太乐食品科普教育基地 | 曹安公路13号桥南星华公路969号 | 2012 |
| 干细胞科普教育基地 | 新冠路99号 | 2013 |
| 伟翔循环经济科普基地 | 兴顺路358号 | 2014 |
| 新迎园现代食品生产科普教育基地 | 菊园新区六里中心路128弄10号 | 2017 |
| 浦东新区 | | |
| 上海潍坊社区科普中心 | 崂山东路551弄42号 | 1997 |
| 上海孙桥现代农业科普教育基地 | 张江镇孙桥沔北路185号 | 1996 |
| 极地科普馆 | 金桥路451号 | 1996 |
| 上海中医药博物馆 | 蔡伦路1200号 | 1997 |
| 上海浦东气象科普馆 | 锦绣路951号 | 2000 |
| 上海东方地质科普馆 | 祝桥镇江镇路100号 | 2000 |
| 上海超级计算中心计算机科技馆 | 郭守敬路585号 | 2000 |
| 上海科技馆 | 世纪大道2000号 | 2002 |
| 上海大自然野生昆虫馆 | 丰和路1号昆虫馆 | 2003 |
| 上海海洋水族馆 | 陆家嘴环路1388号 | 2003 |
| 上海信谊药品与健康科普基地 | 新金桥路905号 | 2003 |

10－6 续表 7

| 科普教育基地名称 | 地 址 | 命名年份 |
|---|---|---|
| 上海第二工业大学科普教育基地 | 金海路 2360 号 | 2000 |
| 上海磁浮交通科技馆 | 龙阳路 2100 号 | 2004 |
| 上海浦东展览馆 | 合欢路 201 号 | 2006 |
| 上海环保科普教育基地 | 商城路 1980 号 | 2008 |
| 上海电信信息生活体验馆 | 世纪大道 211 号 | 2008 |
| 上海集成电路科技馆 | 祖冲之路 2288 弄 1 号 | 2009 |
| 上海 LED 半导体照明科普馆 | 春晓路 439 弄 15 号(2018 年摘牌) | 2009 |
| 上海计量科普教育基地 | 张衡路 1500 号 | 2009 |
| 上海野生动物园 | 三灶南六公路 178 号 | 1998 |
| 上海种业集团科普教育基地 | 沪南公路 8000 号 | 2000 |
| 上海海洋气象科普教育基地 | 临港新城海基六路 36 号 | 2003 |
| 上海蜜蜂科普馆 | 沪南公路 9629 号 | 2003 |
| 上海鲜花港 | 东海农场振东路 2 号 | 2006 |
| 上海风电科普馆 | 东大公路 5366 号 | 2006 |
| 上海先进制造技术展示厅 | 水华路 300 号 | 2007 |
| 上海多利设施农业科普园 | 大团镇川南奉公路 7007 号 | 2009 |
| 上海清美豆制品科普教育基地 | 三灶工业园宣春路 201 号 | 2009 |
| 上海动漫博物馆 | 张江路 69 号 | 2010 |
| 上海中国航海博物馆 | 临港新城申港大道 197 号 | 2010 |
| 上海东明社区科普文化基地 | 永泰路 863 号 | 2010 |
| 上海滨江森林公园 | 高桥镇凌桥高沙滩 3 号 | 2010 |
| 上海浦东观赏鱼文化科普园 | 机场镇华洲南路 18 号 | 2007 |
| 上海游龙石文化科普馆 | 川沙新镇新春路 20 号 | 2011 |
| 上海益大本草园科普教育基地 | 康桥镇沔新路 599 号 | 2011 |
| 上海浦东航运展示馆 | 浦东大道 981 号 | 2012 |
| 上海紫东阁红木家具知识馆 | 申江南路 3188 号 | 2013 |
| 上海世纪公园 | 芳甸路 666 号 | 2013 |
| 益海嘉里粮油科普教育基地 | 高东路 118 号 | 2013 |
| 电子废弃物回收利用科普教育基地 | 敬业路 870 号 | 2013 |
| 废旧电器资源化科普基地 | 老港工业区拱极东路 10 号 | 2013 |

| 科普教育基地名称 | 地 址 | 命名年份 |
| --- | --- | --- |
| 浦东桃源科普教育基地 | 老港镇(滨海)玉兰路3号 | 2015 |
| 上海智慧家园体验馆 | 下盐路168号华博智慧生态园 | 2015 |
| 百虾园 | 临港大道2133号 | 2015 |
| 周浦花海 | 周浦镇界浜村406号 | 2015 |
| 上海文化装备科技体验馆 | 临港水芸路300号 | 2016 |
| 九段沙湿地科普馆 | 人民塘路东首200米 | 2016 |
| “彩虹鱼”深海科普体验基地 | 临港新城沪城环路999号 | 2017 |
| 中科新松机器人智能制造体验中心 | 自由贸易试验区金藏路257号 | 2017 |
| 上海黎明固体废弃物处理科普教育基地 | 曹路镇浩江路259号 | 2017 |
| 趣味人VR科技体验馆 | 申迪东路399弄188号 | 2017 |
| 上海有机生态农业科普基地 | 川沙新镇川沙路8019号 | 2017 |
| 金山区 | | |
| 上海石油化工科技馆 | 金山卫金一路48号 | 2003 |
| 上海电线电缆博物馆 | 漕廊公路2888号 | 2007 |
| 上海农业科普馆金山馆 | 漕廊公路9166号 | 2009 |
| 中国农民画村 | 枫泾镇朱枫公路(中洪支路)8258弄169号 | 2011 |
| 上海市禁毒科普教育馆金山分馆 | 朱吕公路6858号 | 2011 |
| 金枫酒事馆 | 枫泾镇工业园区环西二路18号 | 2012 |
| 廊下生态园 | 廊下镇漕廊公路9133号 | 2012 |
| 金山区规划展示馆 | 金山大道1800号 | 2012 |
| 金山区学生科普展教中心 | 朱泾镇人民路485号 | 2013 |
| 金山嘴渔村 | 山阳镇沪杭公路6394号 | 2014 |
| 金山茉园 | 漕廊公路9166号 | 2014 |
| 贺尔斯草莓学苑 | 廊下镇漕廊公路8388号 | 2017 |
| 松江区 | | |
| 上海天文博物馆 | 佘山镇西佘山顶 | 1996 |
| 上海地震科普馆 | 佘山镇西佘山环山路佘山地震基准台 | 1996 |
| 上海工程技术大学科普教育基地 | 龙腾路333号 | 1998 |
| 上海松江区青少年活动中心 | 人民北路1625号 | 2000 |

10－6　续表 9

| 科普教育基地名称 | 地　址 | 命名年份 |
| --- | --- | --- |
| 上海五库现代农业园区科普教育基地 | 五库农业园区中库路 1 号 | 2004 |
| 上海松江区科技馆 | 中山东路 237 号 | 2005 |
| 上海松江区博物馆 | 中山东路 233 号 | 2006 |
| 上海松江区气象馆 | 新城区南青路 8 号 | 2006 |
| 上海明治巧克力科普馆 | 工业区东部新区新飞路 1111 号（2018 年摘牌） | 2008 |
| 上海农业科普馆松江馆 | 松江五库示范区西库路 8 号 | 2009 |
| 上海元亨汉医药博物馆 | 叶榭镇叶荣路 18 号 | 2010 |
| 上海生态建材科普馆 | 叶榭镇车亭公路 2058 号 | 2010 |
| 上海松江鲈科技文化馆 | 永丰街道富永路 1082 号 | 2010 |
| 上海辰山植物园 | 辰花路 3888 号 | 2011 |
| 上海仓桥水晶梨基地 | 富永路 2000 号 | 2012 |
| 智能电器科普基地 | 思贤路 3255 号 2 号楼 | 2013 |
| 上海中国会计博物馆 | 文翔路 2800 号 | 2014 |
| 松江道桥文化展示馆 | 辰塔路 78 号 | 2016 |
| 上海月湖雕塑科普教育基地 | 佘山国家旅游度假区林荫新路 1158 号 | 2016 |
| 青浦区 | | |
| 上海市青少年校外活动营地（东方绿舟） | 沪青平公路 6888 号 | 2000 |
| 上海青浦区博物馆 | 华青南路 1000 号 | 2007 |
| 上海赵屯草莓科普教育基地 | 白鹤镇新胜路 2868 号 | 2008 |
| 上海铸造科普教育陈列馆 | 崧华路新康路 875 号 | 2009 |
| 上海国家安全教育馆 | 沪青平公路 6888 号航空母舰二楼 | 2009 |
| 上海康宇玻璃科技艺术馆 | 青浦工业园区天辰路 1666 号 | 2009 |
| 中国兵器博览馆 | 沪青平公路 6888 号 | 2010 |
| 上海青浦循环农业科普教育基地 | 练塘镇蒸富路 100 号 | 2010 |
| 上海青浦区科技成果展厅 | 公园路 80 号 | 2010 |
| 上海人然合一生态园 | 沪青平公路 3098 号（暂停开放） | 2010 |
| 中华印刷展示馆 | 汇金路 889 号 | 2011 |
| 青浦区水资源与水环境科普基地 | 练塘镇蒸俞路 | 2011 |

| 科普教育基地名称 | 地 址 | 命名年份 |
| --- | --- | --- |
| 青浦枇杷教育基地 | 外青松公路 7166 号 | 2011 |
| 上海四季百果园 | 朱家角镇盛家埭 369 号 | 2012 |
| 元祖启蒙乐园 | 嘉松中路 6088 号 | 2012 |
| 青浦区环境教育科普基地 | 西大盈港一路 15 号 | 2013 |
| 青浦天鹅、大雁科普基地 | 朱家角镇西洋淀 1 号 | 2014 |
| 上海健康文化科普基地 | 老朱枫公路 6800 弄 168 号(暂停开放) | 2015 |
| 上海优澈无人机科普基地 | 高光路 215 弄 99 号 1 号楼 4 层 | 2017 |
| 奉贤区 | | |
| 上海健生教育活动中心 | 海湾镇五四农场五四支路 888 号 | 1997 |
| 上海玉穗葡萄科普基地 | 金海公路 2229 号 | 2005 |
| 上海神力科技科普教育基地 | 远东路 777 弄 28 号 | 2005 |
| 上海奉贤排水科普教育基地 | 南桥镇新建东路 144 号 | 2006 |
| 上海酒文化科普馆 | 新四平公路 2888 号 | 2007 |
| 上海都市菜园 | 海湾镇海兴路 888 号 | 2007 |
| 上海申隆生态园科普教育基地 | 青村镇沿钱公路 5599 号 | 2008 |
| 上海奉贤燃气科普教育基地 | 南桥运河北路 1239 号 | 2008 |
| 上海百枣园 | 奉城镇卫季村 1148 号 | 2009 |
| 上海菇菌科普馆 | 金海公路 7299 号 | 2010 |
| 上海海湾国家森林公园 | 海湾镇随塘河路 1677 号 | 2010 |
| 上海申亚特色果蔬科普园 | 青村镇沿钱公路 4698 号 | 2010 |
| 上海旅游科普馆 | 海思路 500 号上海师范大学奉贤校区 | 2011 |
| 汉光陶瓷科普教育基地 | 大叶公路 1885 弄 13 号 | 2012 |
| 上海农垦博物馆 | 海湾镇随塘河路 1677 号 | 2012 |
| 上海无线电科普教育基地 | 海湾镇海兴路 1088 号 | 2013 |
| 鑫广环保科普馆 | 化学工业区奉贤分区浦卫公路 9888 号 | 2015 |
| 上海华御 2.9 生态农庄 | 南桥镇杨王村南庄路转杨王一路 368 号 | 2016 |
| 园林园艺科普基地 | 海泉路 100 号 | 2016 |

10－6　续表 11

| 科普教育基地名称 | 地　址 | 命名年份 |
| --- | --- | --- |
| 上海森蜂园蜂蜜科普馆 | 柘林镇发工路 999 号 | 2017 |
| 崇明区 | | |
| 上海百路达药业银杏科技园 | 长征总公司科技园区 | 2009 |
| 上海前卫青少年科普教育基地 | 长兴岛桔园路上海桔园 | 1996 |
| 上海崇明东滩鸟类国家级自然保护区 | 东旺大道 | 2008 |
| 上海崇明特色蔬菜科普教育基地 | 现代农业园区汲滨公路 888 号 | 2009 |
| 上海崇明西沙湿地公园 | 绿华镇绿湖寸堡湖路 588 号 | 2008 |
| 上海崇明高家庄园多样性植物展示馆 | 港西镇港东公路 999 号 | 2008 |
| 上海崇明瀛东村科普教育基地 | 陈家镇瀛东村 | 2005 |
| 上海崇明东平森林公园生态科普教育基地 | 北沿公路 2188 号 | 1998 |
| 上海崇明县青少年活动中心 | 城桥镇湄洲路 288 弄 8 号 | 2006 |
| 上海崇明前卫生态科普教育基地 | 竖新镇前卫村 | 1996 |
| 上海明珠湖科普教育基地 | 三华公路 333 号 | 2011 |
| 瑞华果园 | 北沿公路 3176 号 | 2012 |
| 崇明县规划展示馆 | 崇明大道 7918 号 | 2012 |
| 中新泰生循环农业科普基地 | 北七滧现代农业园区 | 2012 |
| 东滩湿地公园 | 东滩东旺路 | 2013 |
| 江南三民文化村科普教育基地 | 林风公路 2201 号 | 2013 |
| 河口沙洲科普馆 | 绿华镇崇西水闸西侧 | 2013 |
| 上海崇明生态科技馆 | 城桥镇崇明大道 7887 号 | 2010 |
| 上海奶牛科普馆 | 东平镇长江农场瀛博奶牛场（2018 年摘牌） | 2011 |
| 崇明绿色体验科普教育基地 | 庙镇庙南村 1438 号 | 2016 |
| 上海设施农业科普馆 | 合五公路 2885 号 | 2008 |
| 上海崇明固体废弃物处理科普教育基地 | 港沿公路 4098 号 | 2017 |
| 江南造船博物馆 | （搬迁中） | 1996 |

2018

SHANGHAI
STATISTICAL YEARBOOK
ON SCIENCE
AND TECHNOLOGY

上海科技统计年鉴

# 附　录

# 指 标 解 释

**科技活动**：是指在自然科学、农业科学、医学科学、工程与技术科学、人文与社会科学领域(简称科学技术领域)中与科技知识的产生、发展、传播和应用密切相关的有组织的活动。为核算科技投入的需要,科技活动可分为科学研究与试验发展(R&D)、科学研究与试验发展成果应用及相关的科技服务三类活动。

**科学研究与试验发展(R&D活动)**：是指为增进知识(包括有关人类、文化和社会的知识),以及运用这些知识创造新应用所进行的系统的、创造性的工作。它具备四种基本要素：(1) 创造性;(2) 新颖性;(3) 科学方法的运用;(4) 产生新的知识或创造新的应用。

**基础研究**：是指为获得新知识而进行的创造性研究。其目的是揭示观察到的现象和事实的基本原理和规律,而不以任何特定的实际应用为目的。其成果以科学论文和科学著作为主要形式。

**应用研究**：是指为获得新知识而进行的创造性研究,主要针对某一特定的实际应用目的或目标。应用研究是为了确定基础研究成果或知识的可能的用途,或是为达到某一具体的、预定的目标探索应采取的新方法(原理性)或新途径。其成果形式以科学论文、专著、原理性模型或发明专利为主。

**试验发展**：是指利用从基础研究、应用研究和实际经验所获得的现有知识,为产生新的产品、材料和装置,建立新的工艺、系统和服务,以及对已产生和建立的上述各项作实质性的改进而进行的系统性工作。其成果形式主要是专利、专有技术、具有新产品基本特征的产品原型或具有新装置基本特征的原始样机等。在社会科学领域,试验发展是指把通过基础研究、应用研究获得的知识转变成可以实施的计划(包括为进行检验和评估实施示范项目)的过程。人文科学领域没有对应的试验发展活动。

**科学研究与试验发展(R&D)成果应用**：是指为使试验发展阶段产生的新产品、材料和装置,建立的新工艺、系统和服务以及作实质性改进后的上述各项能够投入生产或实际应用,解决所存在的技术问题而进行的系统性的工作。R&D成果应用不具有创新成分。

**科技服务**：是指和科学研究与试验发展活动相关并有助于科学技术知识的产生、传播和应用的活动。包括：为扩大科技成果的适用范围而进行的示范推广工作;为用户提供信息和文献服务的系统性工作;为用户提供可行性报告、技术方案、建议及进行技术论证等技术咨询工作;自然、生物现象的日常观测、监测,资源的考察和勘探;有关社会、人文、经济现象的通用资料的收集,以及这些资料的常规分析与整理;对社会和公众的科学普及活动;为社会和公众提供的测试、标准化、计量、质量控制和专利服务。

**专业技术人员**：是指事业、企业单位中已被聘任专业技术职务的从事专业技术工作和专业技术管理的人员,以及虽未被聘任专业技术职务,但现已在专业技术岗位上工作的人员。

**科技活动机构**：是指调查范围内有建制的主要从事科技活动的机构。包括全民所有制独立核算的科学研究与技术开发机构,情报、文献机构以及非独立核算的全日制普通高等学校科技活动机构,规模以上工业企业附属的技术开发机构。全日制普通高等学校附属的科技活动机构，是指经过学校或上级主管部门正式批准，以科技活动为主，相对稳定地开展科技活动的机构；规模以上工业企业附属的技术开发机构，是指企业自办、或与外单位合办，管理上同生产系统相对独立的，或单独核算的专门技术开发机构，如企业办研究所（包括现改名为开发中心、开发部等专门技术开发机构）。

**从业人员：**是指从事一定社会劳动并取得劳动报酬或经营收入的全部劳动力。

**从事科技活动人员：**是指调查单位在报告年度直接从事科技活动，以及专门从事科技活动管理和为科技活动提供直接服务的人员。累计从事科技活动的实际工作时间占全年制度工作时间10%以下（不包括10%）的人员，不统计。（1）直接从事科技活动的人员包括：在独立核算的科学研究与技术开发机构、高等学校、各类企业及其他事业单位内设的研究室、实验室、技术开发中心及中试车间（基地）等机构中从事科技活动的研究人员、工程技术人员、技术工人及其他人员；虽不在上述机构工作，但编入科技活动项目（课题）组的人员；科技信息与文献机构中的专业技术人员；从事论文设计的研究生等。（2）专门从事科技活动管理和为科技活动提供直接服务的人员包括：独立核算的科学研究与技术开发机构、科技信息和文献机构、高等学校、各类企业及其他事业单位主管科技工作的负责人；专门从事科技活动的计划、行政、人事、财务、物资供应、设备维护、图书资料管理等工作的各类人员，但不包括保卫、医疗保健人员、司机、食堂人员、茶炉工、水暖工、清洁工等为科技活动提供间接服务的人员。

**研究与试验发展（R&D）人员：**是指报告期末从事研究与试验发展活动的人员，包括直接从事研究与试验发展课题活动的人员，以及研究院、所等从事科技行政管理、科技服务等工作人员。

**研究与试验发展（R&D）全时人员：**是指本年度从事 R&D 活动的工作量在 0.9 年以上（含 0.9 年）的人员数。

**研究与试验发展（R&D）非全时人员：**是指本年度从事 R&D 活动的工作量在 0.1～0.9 年之间的人员数。工作量不到 0.1 年不计在内。

**研究与试验发展（R&D）人员折合全时工作量：**是指本年度从事 R&D 活动的人员中的全时人员折合全时工作量与所有非全时人员工作量之和，结果保留一位小数。一个全时人员的折合全时工作量计为 1，非全时人员按实际投入工作量进行累加。例如：有两个全时人员（他们的工作量分别为 0.9 年和 1.0 年）和三个非全时人员（他们的工作量分别为 0.2 年、0.3 年和 0.7 年），则折合全时工作量＝1+1+0.2+0.3+0.7＝3.2（人年）。

**研究人员：**是指从事新知识、新产品、新工艺、新方法、新系统的构想或创造的专业人员及 R&D 课题的高级管理人员。

**技术人员：**是指通常在研究人员的指导下参加 R&D 课题，应用有关原理和操作方法执行 R&D 任务。他们的活动包括：进行文献检索、从档案馆和图书馆中筛选相关资料；编制计算机程序；进行实验、测试和分析；为实验、测试和分析准备材料和设备；记录测量数据、计算和编制图表；进行统计调查和访谈，以及 R&D 课题的一般管理人员。

**其他辅助人员：**是指参加 R&D 课题或直接协助这些课题的熟练工和非熟练技工、秘书和办事人员，这一类还包括所有为 R&D 课题提供直接服务的财务、人事及行政管理人员。

**课题活动人员：**是指报告期末调查单位直接从事课题活动的实有人数。

**科技活动经费支出总额：**是指调查单位在报告期内实际支出的全部科技活动费用，包括来自科研渠道的经费、教育事业费、基本建设投资、技术改造投资等实际用于科技活动支出的费用。科技活动经费支出分为内部支出和外部支出。

**研究与试验发展(R&D)经费**:是指报告期内用于研究与试验发展课题活动(基础研究、应用研究、试验发展)的全部实际支出。包括用于研究与发展课题活动的直接支出,还包括间接用于研究与发展活动的一切支出(院、所管理费,维持院所正常运转的必需费用和与研究发展有关的基本建设支出)。

**项目(课题)数**:是指调查单位在报告期内当年立项并开展研究工作、以前年份立项仍继续进行研究的科技项目(课题)数,包括当年完成和年内研究工作已告失败的科技项目(课题),但不包括委托外单位进行的科技项目(课题)数。

**当年完成**:是指当年新开课题和上年结转的课题,在当年完成的课题数。

**课题项目投入人员**:是指按相当于全时工作量计算的当年实际参加课题活动的各类人员总数。统计时首先把课题人员分离为全时工作人员和非全时工作人员,然后将非全时工作人员折算为全时工作人员,再加上全时工作人员数即得。

**课题(项目)投入经费**:是指报告期内为进行课题研究而实际支出的费用(内部支出),不包括与外单位合作进行课题研究而转给对方使用的经费。

**科技论文**:是指在学术刊物上发表的最初的科学研究成果。科技论文应具备以下三个条件:(1)首先发表的研究成果;(2)作者的结论和试验能被同行重复并验证;(3)发表后科技界能引用。它包括在国外学术刊物、全国性学术刊物和地方性学术刊物上发表的论文。

**获奖成果**:是指本单位在本年度内从地(市)以上科技管理部门获得的各种科技成果奖。由几个单位合作获得的科技成果奖,为防止重复,仅由第一完成单位填报,多次获奖的成果只填一次。获奖成果包括:国家级奖、省部级奖。

**国家级奖**:是指国家级自然科学奖、国家级技术发明奖、国家级科技进步奖。

**省、部级奖**:是指以国务院各部门和省、自治区、直辖市名义颁发的重大科技成果奖和科技进步奖。

**专利**:是专利数的简称,是对发明人的发明创造经审查合格后,由专利局依据专利授予发明人和设计人对该项发明创造享有的专有权。从类型来看,包括发明、实用新型和外观设计。

**发明**:是指对产品、方法或者其改进所提出的新的技术方案。

**实用新型**:是指对产品的形状、构造或者其结合所提出的适于实用的新的技术方案。

**外观设计**:是指对产品的形状、图案、色彩或者其结合所作出的富有美感并适于工业上应用的新设计。

**专利申请数**:是指调查单位在报告期内向专利行政部门提出专利申请并被受理的件数。

**专利授权数**:是指由专利局对专利申请无异议或者经审查异议不成立的,作出授予专利权决定,发给专利证书,并将有关事项予以登记和公告的专利数。

**技术交易额**:是指技术市场交易活动中报告期签订成立的技术合同的价款中扣除非技术性部分(例如项目承包合同金额中的原材料、设备购置费用、厂内运输、辅助人工等费用)后的技术性部分。

技术交易形式包括技术转让、技术咨询、技术服务、技术培训、技术承包、技术入股、技术中介、合资经营以及组织各种形式的科研、生产联合及区域性经济和技术开发规划等。

**生产总值(GDP)(原国内生产总值)**:是指按市场价格计算的一个国家(地区)所有常住(驻)单位在一定时期内生产活动的最终成果。生产总值有三种表现形态,即价值形态、收入形态和产品形态。

从价值形态看,它是所有常住(驻)单位在一定时期内所生产的全部货物和服务价值超过同期投入的全部非固定资产货物和服务价值的差额,即所有常住(驻)单位的增加值之和。

从收入形态看,它是所有常住(驻)单位在一定时期内所创造并分配给常住(驻)单位和非常住(驻)单位的初次分配之和。

从产品形态看,它是最终使用的货物和服务减去进口货物和服务。

在实际核算中,生产总值的三种表现形态表现为三种计算方法,即生产法、收入法和支出法。三种方法分别从不同的方面反映了生产总值及其构成。

根据国务院和国家统计局有关我国 GDP 核算和数据发布制度的规定,上海国内生产总值自 2004 年起更名为:上海市生产总值,简称上海市 GDP。

**图书在版编目(CIP)数据**

上海科技统计年鉴.2018/上海市科学技术委员会,上海市统计局编.--上海:上海科学普及出版社,2018
ISBN 978-7-5427-7385-2

Ⅰ.①上… Ⅱ.①上… ②上… Ⅲ.①科技统计—上海—2018—年鉴 Ⅳ.①G322.751-66

中国版本图书馆 CIP 数据核字(2018)第 231370 号

**责任编辑** 林晓峰

**上海科技统计年鉴 2018**

上海市科学技术委员会
上 海 市 统 计 局 编

上海科学普及出版社出版发行
(上海中山北路 832 号 邮政编码 200070)
http://www.pspsh.com

各地新华书店经销 上海中华印刷有限公司印刷
开本 787×1092 1/16 印张 13 插页 1 字数 260 000
2018 年 11 月第 1 版 2018 年 11 月第 1 次印刷

ISBN 978-7-5427-7385-2 定价:250.00 元
(附只读光盘 1 张)